정오표(기하학개론, 개정판, 김진홍, 2022-11-27)

페이지 (−는 아래에서, +는 위에서)	수정 전	수정 후
p. 41, +3	$\cdots = d(\boldsymbol{a}_i, \boldsymbol{b}_j) = \cdots$	$\cdots = d(\boldsymbol{a}_i, \boldsymbol{a}_j) = \cdots$
p. 67, +2	... 필요충분조건이 m과 n이 서로 평행이 아니거나 또는 ...	... 필요충분조건이 l,m,n이 한 점에서 만나거나 또는 ...
p. 224, +12	$(\Rightarrow)$	$(\Rightarrow)$ 삭제
p. 224, −3	... 대칭이동이다.	... 글라이드대칭이동이다.
p. 224, −2 ~ p. 225, +2	$(\Leftarrow)$ l,m,n이 모두 평행이 아니라고 가정하자. ... 모순이다.	$(\Leftarrow)$ l,m,n이 모두 평행이 아니라고 가정하자. ... 모순이다. (삭제)
p. 224, −2		(iii) l,m,n이 한 점 a에서 만난다고 가정하자. 그러면 n부터 m까지의 각이 $\frac{\alpha}{2}$일 때, $R_m \circ R_n$이 회전이동 $R(a,\alpha)$와 같다. 한편 a를 지나는 s부터 l까지의 각도가 $\frac{\alpha}{2}$인 직선 s를 이용하여 $R(a,\alpha) = R_l \circ R_s$로 나타낼 수 있다. 따라서 $R_l \circ R_m \circ R_n = R_l \circ R(a,\alpha) = R_l \circ R_l \circ R_s = R_s$ 이므로 $R_l \circ R_m \circ R_n$이 대칭이동이다. (iv) 마지막으로 l,m,n이 삼각형의 세 변을 이룬다고 가정하자. 그러면 (ii)의 경우와 같이 $R_l \circ R_m \circ R_n$이 글라이드대칭이동이 됨을 보일 수 있다. (추가)

Introduction to Geometry

기하학개론 개정판

김진홍 지음

KYOWOO

머리말

이 책의 목표는 유클리드 기하학, 사영기하학, 그리고 쌍곡기하학을 공리적인 관점보다는 대수적이고 위상적인 관점에서 접근하여 학습자가 위의 세 기하에 관해 기존에 알고 있는 지식의 폭을 넓히도록 하는 것이다. 따라서 독자가 이 책을 학습함으로써 기하학을 선형대수학, 군 이론, 그리고 거리함수가 주어진 공간으로 이해하여, 기존의 공리적인 접근을 통해 얻을 수 있는 것보다 더 구체적인 이해를 하기를 바란다. 또한 이 책에서는 소개된 수학적 내용에 관한 이해의 폭을 확장하기 위해 다수의 연관된 연습문제를 제시하였고, 때로는 문제를 함께 해결하는 과정을 통해 새로운 주제를 소개하기도 하였다.

이 책은 크게 세 부분으로 이루어져 있다.

먼저, 이 책의 첫 번째 부분에서는 유클리드 기하학의 기본적인 성질을 소개하고 유클리드 기하의 성질을 이해하기 위해 대칭군을 도입하였다. 특히 2차원과 3차원 같은 저차원 유클리드 공간의 대칭군을 자세히 살펴보는 기회를 가졌다. 또한 유클리드 기하와 대칭군의 유한군의 사이에 존재하는 밀접한 관계를 알아보았고, 플라토닉 입체의 성질과 쌍대성 및 대칭군이 무엇인지 구체적으로 계산해 보았다. 유클리드 기하학에 관한 마지막 주제로 3차원 유클리드 공간의 회전군과 회전군의 유한군을 분류하는 문제를 살펴보았고, 사원수군과 3차원 구와의 관계 및 벽지문양과 밀접한 관련을 가진 격자대칭군의 회전이동의 위수에 관한 중요한 사실을 증명했다.

이 책의 두 번째 부분에서는 사영기하학의 정의와 몇 가지 기본적인 성질을 살펴보았다. 특히 이 부분에서는 쌍대공간, 데자르그의 정리, 사영군, 복비, 사영변환과 고정점과의 관계, 타원평면, 사영원뿔곡선, 극성, 그리고 파스칼 및 파푸스의 정리를 자세히 알아보는 기회를 가졌다.

마지막으로, 이 책의 세 번째 부분에서 쌍곡기하학의 정의와 잘 알려진 쌍곡기하학의 모형인 벨트라미 모형과 푸앵카레 모형을 알아보고 서로의 관계 및 여러 가지 성질을 정리하였다. 또한 이 부분에서는 쌍곡 삼각법과 타원 삼각법에 관해 내용을 푸앵카레 모형이 아닌 벨트라미 모형을 사용하여 비교적 상세하게 설명하였다.

이 책은 저자가 대학교 기하학개론을 강의하며 만든 강의노트를 기반으로 작성되었다. 개설된 강좌에서는 Rees의 훌륭한 저서인 "Notes on Geometry"를 주교재로 사용하였다. 원래 계획은 유클리드 기하학과 함께 쌍곡기하학과 사영기하학의 내용도 이 책에 상당히 자세히 포함시킬 계획이었으나, 한 학기 강의 분량으로는 유클리드 기하학에 관한 자세한 내용과 기본적인 사영기하학 및 쌍곡기하학의 내용만으로도 충분한 것으로 판단되었다. 따라서 사영기하학과 쌍곡기하학의 아주 자세한 내용은 이 책에 포함시키지 않고 기본적인 정의와 성질에 관한 것만을 포함시키기로 결정하였다.

본 개정판에서는 먼저 본문의 내용과 의미를 조금 더 명확하게 전달하기 위해 많은 노력을 기울였다. 특히 초판에 있었던 여러 가지 부정확한 표현과 오타를 수정하였고, 독자들이 새로운 수학적 용어와 내용을 더 쉽게 이해하도록 돕기 위해 다양한 그림을 새롭게 추가하였다.

저자는 수학, 특히 기하학에 관심이 있거나 또는 전공하는 독자가 이 책을 학습함으로써 창의성을 계발하고 향상시킬 수 있으며 자신의 잠재력을 파악할 수 있는 계기를 마련할 수 있는 최적의 기회를 얻을 수 있기를 바란다. 개정판을 새로 출간할 수 있도록 도움을 준 독자들과 출판사에 감사의 말씀을 드린다.

지은이 씀

차 례

Introduction to Geometry

제0장

기하학의 기초

기하학은 영어로 geometry인 데 이것은 geo(땅)과 metry(측량)이라는 두 단어가 합쳐져 만들어 졌다. 이집트는 기후의 특성상 여름에 비가 많이 내려 땅의 경계가 모호해지는 일이 빈번하게 발생하였고, 땅을 다시 측량해야 할 필요성이 있었다. 따라서 측량과 관련된 분야가 자연스럽게 발전하였으며 이 같은 필요에 의해 발전한 학문이 바로 기하학이다.

기하학을 엄밀하게 정의하기 위해서는 공리적인 방법을 이용해야 한다. **공리**(axiom) 또는 **공준**(postulate)이란 더 이상 그 정당성을 보일 필요가 없는 합리적인 명제라고 정의할 수 있다. 이 공리 또는 공준을 서술하기 위해서는 **점**(point), **직선**(line), **~ 위에 있다**(line on), **~ 사이**(between), **합동**(congruence)과 같은 **무정의 용어**(undefined term)을 필연적으로 사용해야만 한다.

유클리드 기하학(Euclidean geometry)은 다섯 가지 공리에 기초하여 구성된 기하학이다. 이 책의 제0장에서는 이 다섯 가지 공리를 간단히 설명한다. 더불어, 유클리드 기하학 이외에 **쌍곡기하학**(hyperbolic geometry)과 **타원기하학**(elliptic geometry)의 공리들도 간단히 살펴보는 기회를 가진다.

(1) 유클리드의 첫 번째 공리

유클리드의 첫 번째 공리는 "임의의 두 점 P, Q에 대하여, 두 점을 포함하는 직선 l이 유일하게 존재한다"이다. 이때 직선 l을 보통 $\overleftrightarrow{PQ}$ 또는 간단히 PQ로 나타낸다.

(2) 유클리드의 두 번째 공리

임의의 두 점 A, B에 대하여, 선분 $\overline{AB}$란 A와 B를 포함하는 점들의 모임으로 다음과 같은 조건을 만족해야 한다.

(i) 선분 $\overline{AB}$가 모두 직선 $\overleftrightarrow{AB}$에 포함되어 있다.

(ii) 선분 $\overline{AB}$의 모든 점은 A와 B 사이에 있다.

이때 A와 B를 선분 $\overline{AB}$의 **끝점**(endpoint)이라 부른다. 문맥에 혼란이 없는 경우에는 선분 $\overline{AB}$를 A와 B를 통과하는 직선을 나타내는 기호인 AB와 혼용하여 사용하기로 한다.

유클리드의 두 번째 공리는 "임의의 두 선분 $\overline{AB}$와 $\overline{CD}$에 대하여, B가 A와 E사이에 있고 선분 $\overline{CD}$가 선분 $\overline{BE}$와 합동이 되는 유일한 점 E가 존재한다"이다([그림 0.1]).

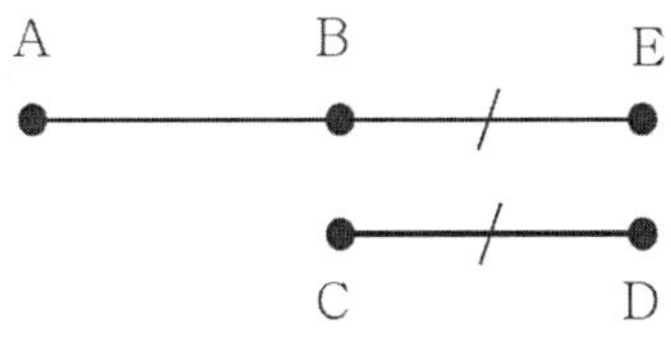

[그림 0.1]

(3) 유클리드의 세 번째 공리

임의의 두 점 O, A에 대하여, 중심을 O로 갖는 **원**(circle)이란 두 선분 $\overline{OA}$와 $\overline{OP}$가 서로 합동이 되는 모든 점 P의 모임을 말한다([그림 0.2]). 이때 $\overline{OP}$를 원의 **반지름**(radius)이라 부른다.

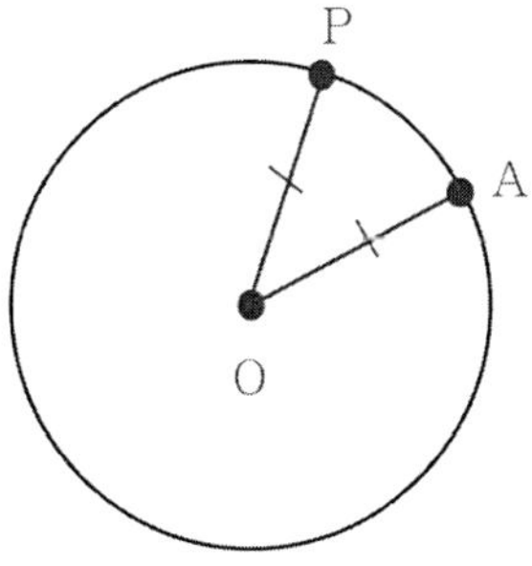

[그림 0.2]

유클리드의 세 번째 공리는 "임의의 두 점 O, A에 대하여, 중심을 O로 갖고 반지름이 $\overline{OA}$인 원이 존재한다"이다.

(4) 유클리드의 네 번째 공리

임의의 두 점 A, B에 대하여, **반직선**(ray) $\overrightarrow{AB}$란 다음과 같은 조건을 만족하는 모든 점 C의 모임이다.

(i) C는 직선 $\overleftrightarrow{AB}$ 위에 있다.

(ii) C는 선분 $\overline{AB}$ 위에 있거나 또는 B는 A와 C 사이에 있다.

임의의 두 반직선 $\overrightarrow{AB}, \overrightarrow{AC}$에 대하여, $\overrightarrow{AB}$와 $\overrightarrow{AC}$가 서로 다르지만 $\overleftrightarrow{AB} = \overleftrightarrow{AC}$인 경우에는 $\overrightarrow{AB}$와 $\overrightarrow{AC}$가 서로 **반향(opposite)의 위치에 있다**고 말한다([그림 0.3]).

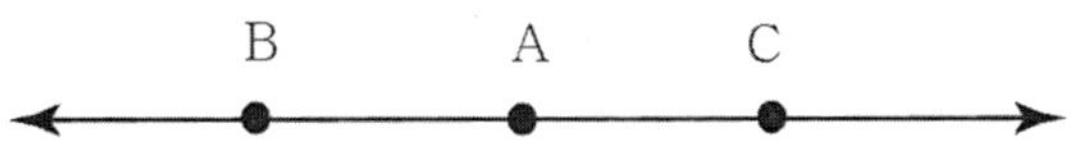

[그림 0.3]

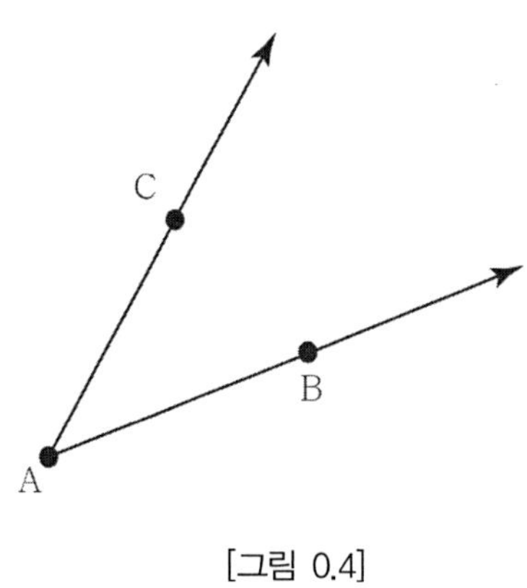

[그림 0.4]

점 A에 대하여, **꼭짓점이 A인 각**(angle with vertex A)이란 서로 반향의 위치에 있지 않은 반직선 $\overrightarrow{AB}$와 $\overrightarrow{AC}$, 그리고 점 A를 말한다([그림 0.4]). 이때 이 각을 $\measuredangle BAC$ 또는 $\measuredangle CAB$로 나타내고 두 반직선 $\overrightarrow{AB}$와 $\overrightarrow{AC}$를 **꼭짓점이 A인 각의 변**(side)이라 부른다.

임의의 두 각 $\measuredangle BAD, \measuredangle CAD$에 대하여, 공통변 $\overrightarrow{AD}$가 존재하고 서로 다른 두 변 $\overrightarrow{AB}$와 $\overrightarrow{AC}$가 서로 반향의 위치에 있는 경우에 두 각 $\measuredangle BAD$와 $\measuredangle CAD$가 **보각**(supplementary angle)이라고 말한다([그림 0.5]).

임의의 두 보각 $\measuredangle BAD, \measuredangle CAD$가 서로 합동 또는 같을 때, $\measuredangle BAD$를 **직각**(right angle)이라고 말한다.

유클리드의 네 번째 공리는 "모든 직각은 서로 합동이다"이다.

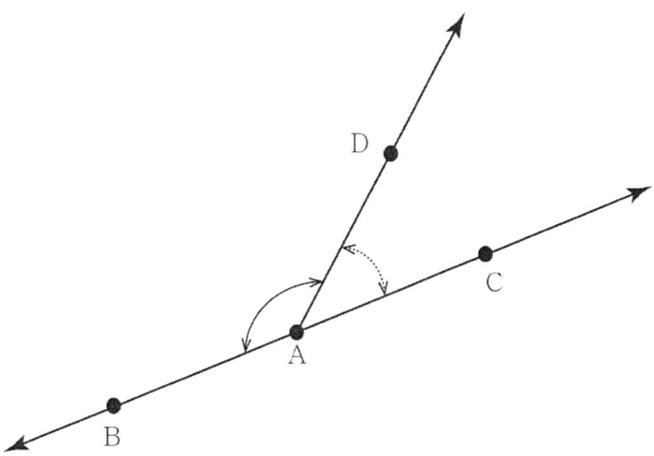

[그림 0.5]

(5) 유클리드의 다섯 번째 공리

임의의 두 직선 l,m이 서로 교차하지 않는 경우에 l과 m이 **평행**(parallel)하다고 말한다. 단, 여기서 두 직선 l,m은 항상 같은 평면 위에 있는 것으로 가정한다. 따라서 두 직선 l,m이 서로 꼬여(skew)있는 경우에는 평행하다고 말하지 않는다.

역사적으로 논란이 많았던 유클리드의 다섯 번째 공리는 "임의의 직선 l과 l위에 있지 않은 한 점 P에 대하여, P를 지나며 l과 평행인 직선 m이 유일하게 존재한다"이다([그림 0.6]).

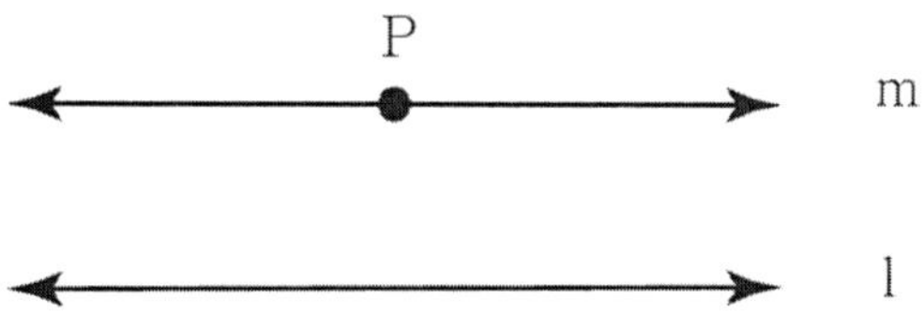

[그림 0.6]

평행공리는 역사적으로 프톨레마이오스(Ptolemy). 월리스(Wallis), 사케리(Saccheri), 람베르트(Lambert) 등과 같은 많은 수학자들이 증명하고자 시도했던 문제 중의 하나였다. 특히 사케리는 유클리드 다섯 번째 공리를 귀류법을 통해 증명하고자 시도했다. 이를 위해, 그는 **사케리 사각형**(Saccheri quadrilateral)이라는 유명한 사각형을 처음으로 도입하였다.

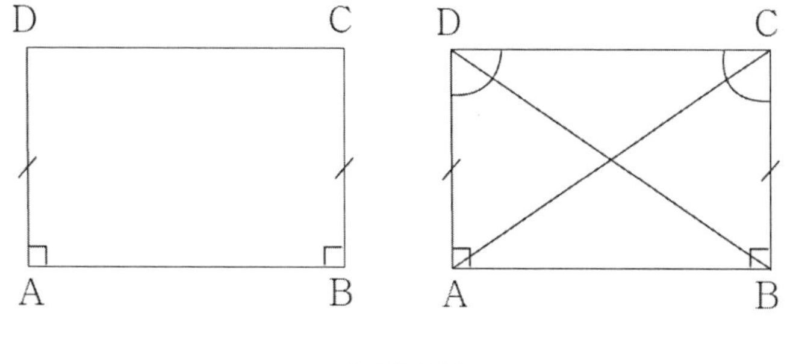

[그림 0.7]

사케리 사각형 $\square ABCD$는 두 변 AD와 BC가 서로 같고, A와 B의 각이 모두 직각인 사각형이다([그림 0.7]). 그러면 평행공리를 이용하지 않고도 두 각 C와 D가 서로 같음을 보일 수 있다. 실제로, 두 삼각형 ΔCAB와 ΔDBA는 SAS (side-angle-side) 합동 조건에 의해 서로 합동이다. 따라서 두 각 $\measuredangle CAD$와 $\measuredangle CBD$가 서로 같다. 그러면 다시 SAS 합동 조건에 의해 두 삼각형 ΔCBD와 ΔCAD가 서로 합동임을 알 수 있다. 따라서 두 각 C와 D가 서로 같아야 한다. 이때 각 C와 D가 가질 수 있는 경우는 각 C와 D가 직각이거나, 직각보타 크거나, 또는 직각보다 작은 경우로 세 가지이다. 만약 각 C와 D가 모두 직각이면 평행공리가 증명된다. 만약 각 C와 D가 모두 직각보다 크면 사각형 $\square ABCD$의 내각의 합이 두 직각의 합보다 크게 되어 **사케리-드장드르 정리**(Saccheri-Lengendre theorem)에 모순이다. 한편, 사케리는 각 C와 D가 직각보다 작을 수 없음을 보이지 못했다. 그리고 사케리-르장드르 정리는 모든 삼각형의 내각의 합은 두 직각의 합보다 작거나 같다는 주장이다.

람베르트는 사케리 사각형과 유사한 **람베르트 사각형**(Lambert quadrilateral)을 이용하여 유클리드 다섯 번째 공리를 증명하고자 시도했으나 그 역시 실패하였다. 여기서 람베르트 사각형이란 사각형의 네 각 중에서 새 개의 각이 모두 직각인 사각형이다.

유클리드 평행공리 이외의 나머지 네 가지 공리를 가정할 때, 유클리드 평행공리는 다음 네 가지 명제 (i)-(iv)와 서로 동치임이 알려져 있다.

(i) 한 직선 l과 l 위에 있지 않은 한 점 P를 지나고 l과 평행한 직선이 많아야 하나 존재한다(**힐베르트 평행공리**).

(ii) 모든 삼각형의 내각의 합은 두 직각의 합이다.

(iii) 내각의 합이 두 직각의 합인 삼각형이 존재한다.

(iv) 직각사각형이 존재한다.

유클리드 다섯 번째 공리의 원래 형태는 “한 직선 l_1이 두 개의 서로 다른 직선

l_2, l_3와 한쪽 면에서 두 직각의 합보다 작은 각도로 만날 때, l_2와 l_3가 그 면에서 서로 만난다"이다. 사실 앞에서 서술된 유클리드 다섯 번째 공리는 플레이페어(Playfair)가 서술한 방식으로 유클리드가 서술한 원래 형태와 서로 동치이다.

원래 형태의 유클리드 다섯 번째 공리를 플레이페어가 서술한 유클리드 다섯 번째 공리로부터 유도할 수 있음을 다음과 같은 과정을 통해 보여 본다.

정리 0.1

직선 l과 l 상에 있지 않은 점 P가 l과 점 Q에서 직각으로 만나고 점 P를 통과하는 직선 l_2가 l과 평행할 때, l_2는 선분 PQ와 P에서 직각으로 만난다.

증명 증명을 위해 귀류법을 이용한다. 실제로 l_2가 PQ와 직각으로 만나지 않는다고 가정하자. 가정에 의해, l_3를 l_2의 직선 PQ에 관한 대칭이동의 상이라 할 때 l_3는 l_2와 서로 다르다([그림 0.8]). 한편 l은 직선 PQ에 관한 대칭이동에 의해 보존된다. 따라서 l_3와 l은 서로 만나지 않는다. 즉 l_3와 l은 서로 평행하다. 하지만 이것은 점 P를 통과하는 l과 평행인 두 직선이 존재한다는 의미이므로 유클리드 다섯 번째 공리에 모순된다. 결론적으로 l_2와 선분 PQ는 P에서 직각으로 만난다. ■

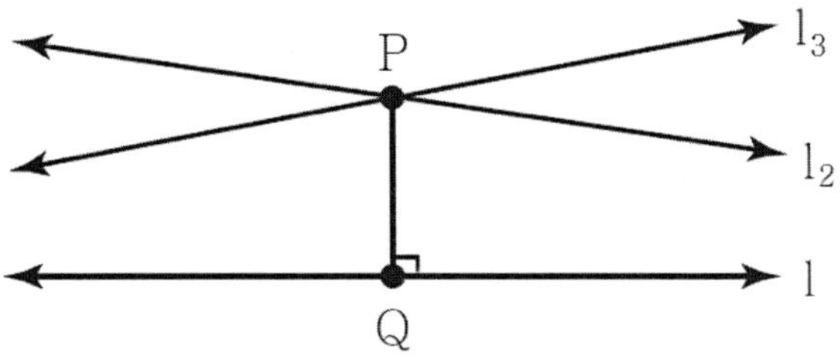

[그림 0.8]

보조정리 0.2

직선 l과 l 상에 있지 않은 점 P에 대하여, 선분 PQ가 l과 직각으로 만나는 점 Q가 l에 항상 존재한다.

증명 P'을 l에 관한 대칭이동의 상이라 할 때, P와 P'은 서로 다르다. 이때 Q를 선분 PP'과 l의 교점이라 하자. 점 R를 Q가 아닌 l 상의 점이라 할 때, 각 RQP와 각 RQP'은 서로 일치한다. 따라서 각 RQP가 직각이다. ■

[정리 0.1]의 역도 다음과 같이 성립한다.

정리 0.3

직선 l이 두 개의 서로 다른 직선 l_1, l_2와 직각으로 만날 때, l_1과 l_2는 서로 평행하다.

증명 증명을 위해, l_1과 l_2가 서로 평행하지 않다고 가정하자. 그러면 l_1과 l_2가 l과의 교점이 아닌 점 R에서 만난다고 할 수 있다. R'을 l에 관한 대칭이동의 상이라 하자. 한편 l_1과 l_2가 모두 l과 직각으로 만나므로 l_1과 l_2의 l에 관한 대칭이동의 상은 각각 l_1과 l_2 자신이다. 따라서 l_1과 l_2는 두 점 R과 R'에서 만난다. 하지만 이것은 l_1과 l_2는 서로 다른 직선이므로 R은 R'과 서로 같고 모두 l에 놓여 있어야 한다는 것을 의미한다. R의 정의에 의해, R은 l_1과 l의 교점이 아니고 l_2와 l의 교점도 아니므로 모순이다. ■

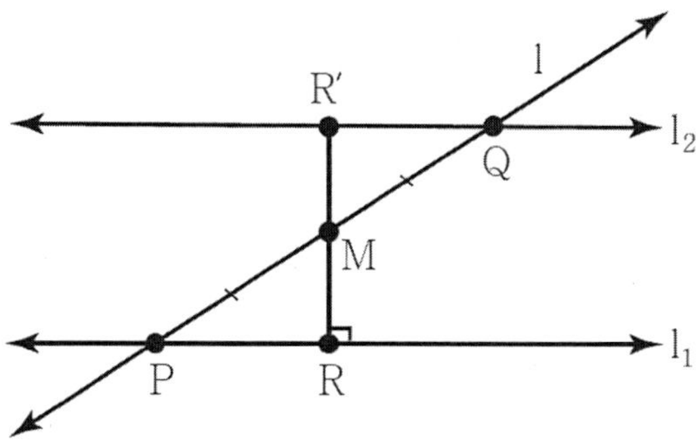

[그림 0.9]

따름정리 0.4

직선 l이 두 개의 서로 다른 직선 l_1, l_2와 P와 Q에서 만날 때, P에서 l_1과 l의 사잇각이 Q에서 l_2와 l의 사잇각과 서로 같다고 하자([그림 0.9]). 그러면 l_1과 l_2는 서로 평행하다.

증명 M을 선분 PQ의 중점이라 할 때, R을 l_1상의 점으로 선분 MR과 l_1이 서로 직각으로 만나는 점이라 하자. 이때 R'을 M을 회전축으로 하고 P를 Q로 보내주는 회전이동에 의한 R의 상이라 하자. 그러면 두 삼각형 MRP와 $MR'Q$는 서로 합동이다. 따라서 두 각 MPR과 MQR'이 서로 같고, 가정에 의해 R'이 직선 l_2에 놓여 있어야 한다. 또한 선분 MR이 l_1과 R에서 직각으로 만나므로 선분 MR'과 l_2각 점 R'에서 서로 직각으로 만나는 것을 알 수 있다. 따라서 **[정리 0.3]**에 의해 l_1과 l_2는 서로 평행하다. ■

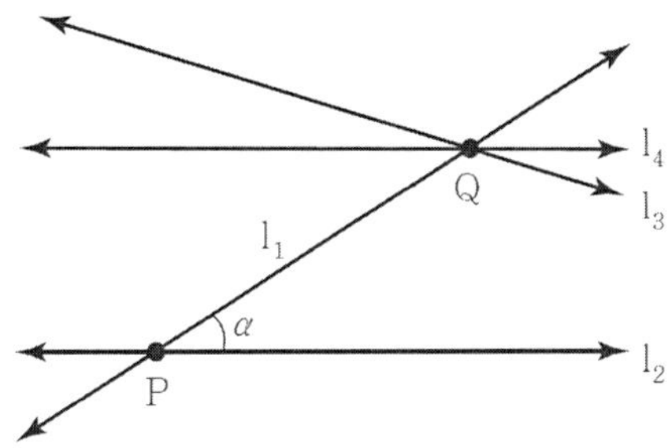

[그림 0.10]

[정리 0.3]의 또 다른 결과로 원래 형태의 유클리드의 다섯 번째 공리를 다음과 같이 증명할 수 있다.

따름정리 0.5

한 직선 l_1이 두 개의 서로 다른 직선 l_2, l_3와 오른쪽 면에서 두 직각의 합보다 작은 각도로 만날 때, l_2와 l_3가 그 면에서 서로 만난다([그림 0.10]).

증명 P와 Q를 각각 l_1이 l_2, l_3와 만나는 점이라 하고, α를 l_1과 l_2의 사잇각이라 하자. 그런 다음, l_4를 Q를 통과하고 l_1과의 사잇각이 두 직각의 합보다 α만큼 작은 새로운 직선이라 하자. 그러면 **[따름정리 0.4]**에 의해, l_4와 l_2은 서로 평행하다. 따라서 l_3는 l_2와 평행하지 않다. 즉 l_2와 l_3가, 예를 들어, 점 R에서 서로 만나야 한다. 만약 R이 l_1의 왼쪽 면에 놓여 있다면 l_4가 Q에서 시작하여 삼각형 PQR의 내부를 통과한다. 한편 l_3와 l_4는 서로 다른 직선이고 이미 Q에서 만나고 있으므로 l_4가 l_2의 일부인 선분 PR과 만나야 한다. 하지만 이것은 l_2와 l_4가 서로 평행하다는 사실에 모순이다. ■

지금까지 유클리드 기하학의 기초를 구성하는 기본적인 다섯 가지 공리에 관해 알아보았다. **비유클리드 기하학**(non-Euclidean geometry)이란 유클리드 기하학이 아닌 모든 기하학을 일컫는다. 특히 전통적으로 **쌍곡기하학, 사영기하학**(projective geometry), 그리고 **타원기하학**이 비유클리드 기하학에 해당된다.

쌍곡기하학과 타원기하학도 다섯 개의 공리를 바탕으로 구성되어 있다. 쌍곡기하학과 타원기하학의 첫 네 개의 공리와 유클리드 기하학의 첫 네 개의 공리는 서로 같다. 하지만, **쌍곡기하학의 마지막 다섯 번째 공리**는 유클리드 기하학의 다섯 번째 공리와 달리 "한 직선 l과 l 위에 있지 않는 한 점 P에 대하여, P를 지나며 l과 평행인 직선이 최소한 두 개 이상이 있다"이다([그림 0.11]).

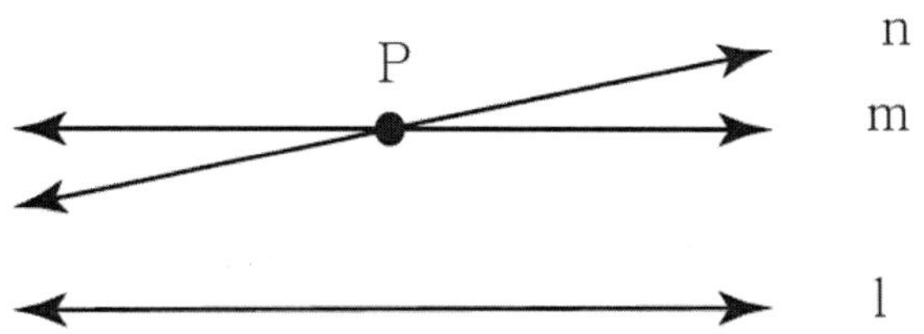

[그림 0.11]

쌍곡기하학의 성질을 만족하는 잘 알려진 기하 모형으로는 **벨트라미-로바체프스키 모형**(Beltrami-Lobachevsky model) 또는 **클라인 모형**(Kline model)으로 불리는 모형과 **푸앵카레 모형**(Poincaré model)이 있다([그림 0.12], [그림 0.13]).

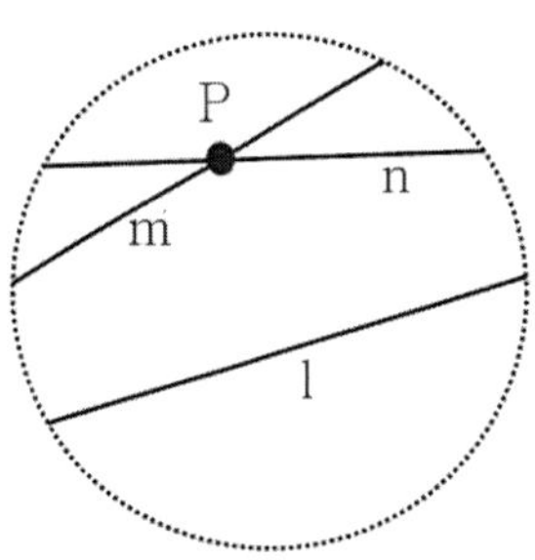

[그림 0.12]

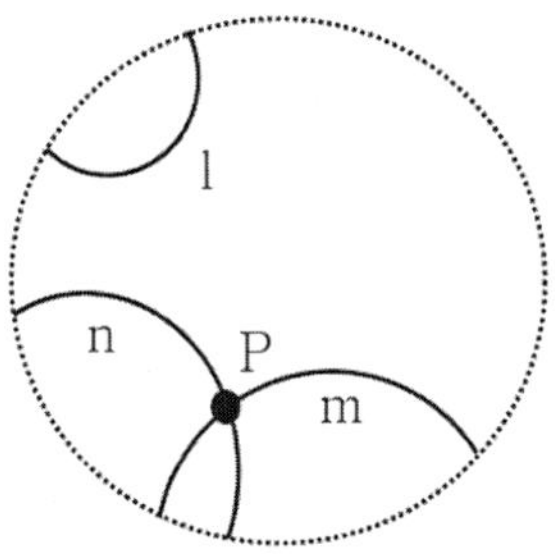

[그림 0.13]

타원기하학의 다섯 번째 공리는 "임의의 직선 l과 l 위에 있지 않은 점 P에 대하여 P를 지나며 l과 평행인 직선이 존재하지 않는다"이다([그림 0.14]).

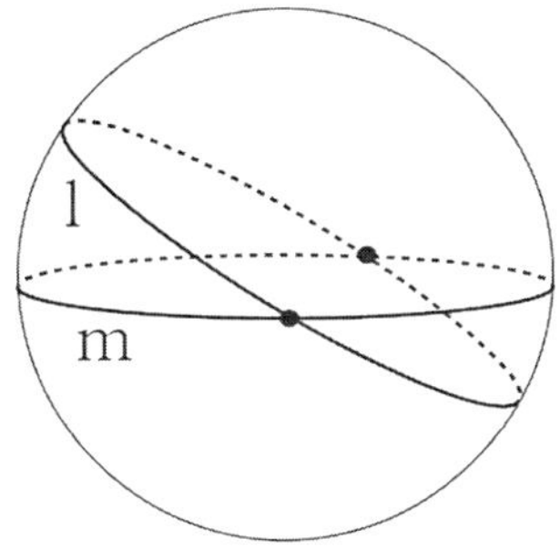

[그림 0.14]

이 책에서는 유클리드 기하학, 사영기하학, 쌍곡기하학의 여러 가지 흥미로운 성질을 선형대수학, 군 이론, 그리고 거리함수 등을 이용하여 기존의 공리적인 접근을 통해 얻을 수 있는 것보다 구체적인 이해를 갖고자 한다. 특히 이 책에서는 저차원 유클리드 공간의 **등장군**(isometry group)과 그것의 **유한군에 관한 분류 문제**를 집중적으로 다룬다.

마지막으로 이 책에서 주로 다루는 수학적인 내용과 용어는 김응태-박승한(2019), 이우영(2007), Greenberg(2012), Rees(2004)등의 책을 참고하였음을 말해 둔다.

Introduction to Geometry

제1장

선형군

$M(n,\mathbb{R})$이 실수의 집합 $\mathbb{R}$상에서 $n\times n$-행렬들의 모임이라 할 때, $GL(n,\mathbb{R})$은 $M(n,\mathbb{R})$의 부분집합으로 가역인 행렬들의 모임이다. 이때 $GL(n,\mathbb{R})$은 단위행렬 E_n을 단위원으로 가지는 군(group)을 이루고 **일반선형군**(general linear group)이라 불린다. 사실, $M(n,\mathbb{R})$은 임의의 두 원소

$$A=(a_{ij}),\ B=(b_{ij})\in M(n,\mathbb{R})$$

과 실수 r에 대하여

$$A+B=(a_{ij}+b_{ij}),\quad rA=(ra_{ij})$$

로 정의된 덧셈과 스칼라 곱에 관해 실수상에서 n^2차원 벡터공간이다. 좀 더 구체적으로, 두 벡터공간 $M(n,\mathbb{R})$과 $\mathbb{R}^{n^2}$ 사이에서 다음과 같이 정의된 **동형사상**(isomorphism)이 존재한다.

$$M(n,\mathbb{R})\to\mathbb{R}^{n^2},\ \ A=(a_{ij})\mapsto(a_{11},a_{12},\ldots,a_{nn-1},a_{nn})$$

임의의 집합 X에 대하여, **거리함수(metric)**

$$d:X\times X\to\mathbb{R}$$

은 다음과 같은 세 가지 조건 (1), (2), (3)을 만족하는 함수이다.

(1) 임의의 두 원소 $x,y\in X$에 대하여, $d(x,y)\geq 0$이고 $d(x,y)=0$일 필요충분조건은 $x=y$이다.

(2) 임의의 두 원소 $x,y\in X$에 대하여, $d(x,y)=d(y,x)$이다**(대칭성)**.

(3) 임의의 세 원소 $x,y,z\in X$에 대하여, $d(x,z)\leq d(x,y)+d(y,z)$이다**(삼각부등식)**.

집합 X에 거리함수 d가 주어진 집합 (X,d)를 **거리공간**(metric space)이라 한다.

벡터공간 $\mathbb{R}^{n^2}$에 **보통거리함수**(standard metric) 또는 **유클리드 거리함수**(Euclidean metric)

$$d(\mathbf{x}, \mathbf{y}) = \sqrt{\sum_{i=1}^{n^2}(y_i - x_i)^2}, \quad \mathbf{x} = (x_i), \ \mathbf{y} = (y_i)$$

을 주어 $\mathbb{R}^{n^2}$을 거리공간으로 볼 수도 있다. 따라서 위의 벡터공간 $M(n, \mathbb{R})$도 보통거리함수에 관해 거리공간이 된다. 또한 벡터공간 $\mathbb{R}^{n^2}$상에 **기본내적**(standard inner product)

$$\langle \mathbf{x}, \mathbf{y} \rangle = \sum_{i=1}^{n^2} x_i y_i, \quad \mathbf{x} = (x_i), \ \mathbf{y} = (y_i)$$

을 주면 벡터공간 $\mathbb{R}^{n^2}$이 **내적공간**(inner product space)이 된다. 이때

$$\|\mathbf{x}\| = \langle \mathbf{x}, \mathbf{x} \rangle^{1/2}, \quad \mathbf{x} \in \mathbb{R}^{n^2}$$

을 벡터 $\mathbf{x}$의 **크기**(length) 또는 **노름**(norm)이라 한다. 정의에 의해, 다음 등식이 성립함도 쉽게 알 수 있다.

$$d(\mathbf{x}, \mathbf{y}) = \|\mathbf{x} - \mathbf{y}\|, \quad \mathbf{x}, \mathbf{y} \in \mathbb{R}^{n^2}$$

모든 거리공간은 주어진 거리함수에 관한 열린공(open ball)을 기저(basis)로 택하여 **거리위상**(metric topology)을 생성할 수 있다. 따라서 유클리드 거리함수가 주어진 거리공간 $M(n, \mathbb{R})$은 **거리위상공간**(metric topological space)이다. 이때, 거리위상공간 $M(n, \mathbb{R})$과 보통위상공간 $\mathbb{R}$ 사이에서 다음과 같이 정의된 함수

$$\det : M(n, \mathbb{R}) \to \mathbb{R}, \quad A \mapsto \det(A)$$

는 n^2 차수의 다항식이므로 연속함수이다. 또한

$$GL(n,\mathbb{R}) = \det^{-1}\big((-\infty, 0)\bigcup(0, +\infty)\big)$$

이므로 연속함수 det의 정의에 의해 일반선형군 $GL(n,\mathbb{R})$은 $M(n,\mathbb{R})$에서 열린집합(open set)이고 동시에 $M(n,\mathbb{R})$과 같은 n^2차원의 **부분다양체**(submanifold)이다.

일반선형군 $GL(n,\mathbb{R})$의 부분군인 **특수선형군**(special linear group) $SL(n,\mathbb{R})$도 이 책의 주요 주제인 대칭성을 이해하는 데 중요한 역할을 한다. 여기서 **특수선형군** $SL(n,\mathbb{R})$은 다음과 같이 구체적으로 정의된다.

$$SL(n,\mathbb{R}) = \{\, A \in GL(n,\mathbb{R}) \mid \det(A) = 1 \,\} = \det^{-1}(\{1\})$$

한편 det를 $GL(n,\mathbb{R})$에서 정의된 연속함수이고 $\{1\}$은 보통위상공간 $\mathbb{R}$에서 닫힌 부분집합(closed subset)이므로, 정의에 의해 특수선형군 $SL(n,\mathbb{R})$은 $GL(n,\mathbb{R})$의 n^2-1차원 닫힌 부분집합(closed subset)이고 동시에 **닫힌부분다양체**(closed submanifold)이다. 이것을 조금 더 높은 수준에서 엄밀하게 설명하면, 단위행렬 E_n에서 $SL(n,\mathbb{R})$의 접공간(tangent space)이 다음과 같이 주어진다는 의미이다.

$$\{\, A \in M(n,\mathbb{R}) \mid \mathrm{tr}(A) = 0 \,\}$$

실제로, 이를 보이기 위해 $A(t) \in SL(n,\mathbb{R})$, $|t| < \varepsilon$을 $A(0) = E_n$을 만족하는 $SL(n,\mathbb{R})$상의 매개곡선이라 할 때, $\det(A(t)) = 1$이므로

$$\begin{aligned}
0 &= \frac{d}{dt}\bigg|_{t=0} \det(A(t)) \\
&= \frac{d}{dt}\bigg|_{t=0} \left(\sum_{\sigma \in S_n} \mathrm{sign}(\sigma) a_{1\sigma(1)}(t) a_{2\sigma(2)}(t) \cdots a_{n\sigma(n)}(t) \right) \\
&= \sum_{\sigma \in S_n} \mathrm{sign}(\sigma) \big(a_{1\sigma(1)}{}'(0) a_{2\sigma(2)}(0) \cdots a_{n\sigma(n)}(0) + \cdots + \\
&\qquad\qquad + a_{1\sigma(1)}(0) a_{2\sigma(2)}(0) \cdots a_{n\sigma(n)}{}'(0) \big) \\
&= \sum_{i=1}^{n} a_{ii}{}'(0) = \mathrm{tr}(A'(0))
\end{aligned}$$

이다. 단, 여기서, S_n은 $\{1,2,\ldots,n\}$상에서의 치환군을 나타낸다. 따라서 $SL(n,\mathbb{R})$의 단위행렬 E_n에서의 접공간이 위와 같이 주어짐을 알 수 있다.

직교변환(orthogonal transformation)은 이 책의 내용에서 아주 중요한 역할을 한다. 선형사상 $T : \mathbb{R}^n \to \mathbb{R}^n$이

$$\langle T(\mathbf{x}), T(\mathbf{y}) \rangle = \langle \mathbf{x}, \mathbf{y} \rangle,\ \mathbf{x}, \mathbf{y} \in \mathbb{R}^n$$

을 만족할 때, T를 **직교변환**이라 하고 직교변환들의 모임을 $O(n)$으로 나타낸다. 또한 직교변환이면서 특수선형군에 속하는 원소들의 모임을 $SO(n)$으로 나타내고 **특수직교군**(special orthogonal group)이라 부른다. 선형사상 T를 **표준기저**(standard basis)

$$e_i = (0,\ldots,0,\underset{\substack{\uparrow \\ (i-\text{번째 성분})}}{1},0,\ldots,0)$$

에 관해 행렬 A를 이용하여 $T(\mathbf{x}) = A\mathbf{x}$로 표현하면, 직교변환의 정의에 의해

$$\begin{aligned} \langle Te_i, Te_j \rangle &= \langle Ae_i, Ae_j \rangle \\ &= e_i^T A^T A e_j \\ &= \langle e_i, e_j \rangle \\ &= \delta_{ij} = \begin{cases} 1, & i = j, \\ 0, & i \neq j \end{cases} \end{aligned}$$

이 성립한다. 즉 직교변환의 정의를 그에 대응하는 행렬 A를 이용하여 표현하면

$$A^T A = E_n$$

이 된다. 단, 여기서 E_n는 앞에서와 같이 $n \times n$-단위행렬을 나타낸다.

앞으로 특별한 언급이 없으면 논의의 편리성을 위해, 주어진 선형사상과 표준기저에 관한 그에 대응하는 행렬을 서로 구별하지 않고 사용한다. 따라서 앞에서 정의한 직교군과 특수직교군을 그에 대응하는 행렬로 표현하면 다음과 같이 주어진다.

$$O(n) = \{A \in M(n,\mathbb{R}) \mid A^TA = E_n\},\ \ SO(n) = \{A \in O(n) \mid \det(A) = 1\}$$

한편, 직교행렬 A가 $A^TA = E_n$을 만족하므로 $\det(A^TA) = \det A^T \det A = 1$이 성립한다. 따라서 $\det(A) = \pm 1$이고 이로부터

$$SO(n) = O(n) \cap SL(n,\mathbb{R})$$

임을 알 수 있다.

일반적으로, 선형사상이 아닌 등장사상(isometry)도 이 책의 중요한 개념 중의 하나이다. 거리공간 $(\mathbb{R}^n, d)$에서 정의된 함수

$$f : (\mathbb{R}^n, d) \to (\mathbb{R}^n, d)$$

가 전사함수이고

$$d(f(\mathbf{x}), f(\mathbf{y})) = \|f(\mathbf{x}) - f(\mathbf{y})\| = \|\mathbf{x} - \mathbf{y}\| = d(\mathbf{x},\mathbf{y}),\ \ \mathbf{x},\mathbf{y} \in \mathbb{R}^n$$

을 만족할 때, 함수 f를 **등장사상(isometry)**이라 한다. 특히 f가 등장사상이면 항상 단사함수가 됨을 위의 관계식을 이용하여 쉽게 보일 수 있다. 실제로, 만약 $f(\mathbf{x}) = f(\mathbf{y})$이면 위의 식에서 $d(\mathbf{x},\mathbf{y}) = 0$이 된다. 따라서 거리함수의 정의에 의해 $\mathbf{x} = \mathbf{y}$이다.

앞으로 $\mathbb{R}^n$상에서 정의된 등장사상들의 모임을 $\mathrm{Isom}(\mathbb{R}^n)$으로 나타낸다.

보조정리 1.1

$\text{Isom}(\mathbb{R}^n)$은 함수의 합성이라는 연산에 관해 군을 이룬다.

증명 (i) 먼저 합성에 관해 $\text{Isom}(\mathbb{R}^n)$이 닫혀있음을 보이자. 실제로, 임의의 두 원소 $f, g \in \text{Isom}(\mathbb{R}^n)$에 대하여,

$$d(g \circ f(\mathbf{x}), g \circ f(\mathbf{y})) = d(g(f(\mathbf{x})), g(f(\mathbf{y}))) = d(f(\mathbf{x}), f(\mathbf{y})) = d(\mathbf{x}, \mathbf{y})$$

가 된다.

(ii) 결합법칙도 (i)과 비슷한 방법으로 성립함을 증명할 수 있다.

(iii) 항등함수가 등장사상인 것은 자명하다.

(iv) 임의의 원소 $f \in \text{Isom}(\mathbb{R}^n)$에 대하여, f는 전단사함수이고 따라서 역함수 f^{-1}가 존재한다. 임의의 두 원소 $\mathbf{x}, \mathbf{y} \in \mathbb{R}^n$에 대하여,

$$d(f^{-1}(\mathbf{x}), f^{-1}(\mathbf{y})) = d(f(f^{-1}(\mathbf{x})), f(f^{-1}(\mathbf{y}))) = d(\mathbf{x}, \mathbf{y})$$

이다. 따라서 $f^{-1} \in \text{Isom}(\mathbb{R}^n)$이다.

위의 (i), (ii), (iii), (iv)에 의해 $\text{Isom}(\mathbb{R}^n)$은 군이 됨을 알 수 있다. ■

선형사상이 등장이거나 노름을 보존하면 반드시 직교변환이 되고, 그 역도 성립한다.

보조정리 1.2

다음 두 가지 성질이 성립한다.

(1) $T: \mathbb{R}^n \to \mathbb{R}^n$이 선형사상이고 동시에 노름을 보존할 필요충분조건은 T가 직교변환이다.

(2) $T: \mathbb{R}^n \to \mathbb{R}^n$이 선형사상이고 동시에 등장사상일 필요충분조건은 T가 직교변환이다.

증명 (1) ($\Rightarrow$) $T:\mathbb{R}^n \to \mathbb{R}^n$이 선형사상이고 노름을 보존하는 사상이라고 가정하자. 그러면 다음 등식이 성립한다.

$$\begin{aligned}&\langle T(\mathrm{x}), T(\mathrm{x})\rangle - \langle T(\mathrm{x}), T(\mathrm{y})\rangle - \langle T(\mathrm{y}), T(\mathrm{x})\rangle + \langle T(\mathrm{y}), T(\mathrm{y})\rangle \\ &= \langle T(\mathrm{x}-\mathrm{y}), T(\mathrm{x}-\mathrm{y})\rangle \\ &= \|T(\mathrm{x}-\mathrm{y})\|^2 = \|\mathrm{x}-\mathrm{y}\|^2 = \langle \mathrm{x}-\mathrm{y}, \mathrm{x}-\mathrm{y}\rangle \\ &= \langle \mathrm{x}, \mathrm{x}\rangle - \langle \mathrm{x}, \mathrm{y}\rangle - \langle \mathrm{y}, \mathrm{x}\rangle + \langle \mathrm{y}, \mathrm{y}\rangle\end{aligned}$$

그런데 T가 노름을 보존하므로

$$\begin{aligned}\langle T(\mathrm{x}), T(\mathrm{x})\rangle &= \|T(\mathrm{x})\|^2 = \|\mathrm{x}\|^2 = \langle \mathrm{x}, \mathrm{x}\rangle, \\ \langle T(\mathrm{y}), T(\mathrm{y})\rangle &= \|T(\mathrm{y})\|^2 = \|\mathrm{y}\|^2 = \langle \mathrm{y}, \mathrm{y}\rangle\end{aligned}$$

가 성립한다. 따라서 위의 등식으로부터 $\langle T(\mathrm{x}), T(\mathrm{y})\rangle = \langle \mathrm{x}, \mathrm{y}\rangle$가 성립함을 알 수 있다. 즉, T가 직교변환이다.

($\Leftarrow$) 반대로, T가 직교변환이면 정의에 의해 T가 선형사상이다. 또한 다음 등식이 성립한다.

$$\|T(\mathrm{x})\|^2 = \langle T(\mathrm{x}), T(\mathrm{x})\rangle = \langle \mathrm{x}, \mathrm{x}\rangle = \|\mathrm{x}\|^2,\ \text{즉}\ \|T(\mathrm{x})\| = \|\mathrm{x}\|$$

따라서 T가 노름을 보존한다.

(2) ($\Leftarrow$) T가 직교변환이면 정의에 의해 선형사상이다. 또한 위의 (1)의 증명과 같이 다음 등식이 성립함을 알 수 있다.

$$d(T(\mathrm{x}), T(\mathrm{y})) = \|T(\mathrm{x}) - T(\mathrm{y})\| = \|T(\mathrm{x}-\mathrm{y})\| = \|\mathrm{x}-\mathrm{y}\| = d(\mathrm{x}, \mathrm{y})$$

따라서 T가 등장사상이다.

($\Rightarrow$) 반대로, $T:\mathbb{R}^n \to \mathbb{R}^n$이 선형사상이고 동시에 등장사상이라고 가정하자. 그러면 다음이 성립한다.

$$\begin{aligned}\|T(\mathbf{x})\|^2 &= \|T(\mathbf{x})-0\|^2 = \|T(\mathbf{x})-T(0)\|^2 \\ &= d(T(\mathbf{x}),\ T(0)) = d(\mathbf{x},0) = \|\mathbf{x}-0\|^2 \\ &= \|\mathbf{x}\|^2\end{aligned}$$

따라서 T가 노름을 보존한다. 한편, 위의 (1)에 의해 T가 선형사상이고 등시에 노름을 보존하면 T가 직교변환이 되어 증명이 완료된다. ■

보조정리 1.3

$SO(n)$의 $O(n)$에서의 지수(index) $[O(n):SO(n)]$은 항상 2이다. 특히, $SO(n)$은 $O(n)$의 정규부분군(normal subgroup)이다.

증명 이를 증명하기 위해 A를 $O(n)$의 원소라 하자. 그러면 $O(n)$이 군이고

$$\det(A^TA) = \det(A^2) = 1$$

이므로 A^2이 $SL(n,\mathbb{R})$과 $O(n)$의 원소가 됨을 알 수 있다. 즉, A^2은 $SO(n)$의 원소이다. 또한

$$\det\colon O(n) \to \mathbb{Z}_2 = \{-1,1\}, \quad A \mapsto \det(A)$$

은 준동형사상(homomorphism)이고 det의 핵(kernel)이 $SO(n)$이다. 따라서 $SO(n)$은 $O(n)$의 정규부분군이고 준동형사상의 제1동형정리에 의해 $O(n)/SO(n)$과 $\mathbb{Z}_2$가 서로 동형임을 알 수 있다. 마지막으로 $O(n)/SO(n) \cong \mathbb{Z}_2$이므로 지수(index) $[O(n):SO(n)]$이 2이다. ■

2×2-직교행렬 A는

$$A = \begin{bmatrix}\cos\theta & -\sin\theta \\ \sin\theta & \cos\theta\end{bmatrix}, \ \text{또는} \ \begin{bmatrix}\cos\theta & \sin\theta \\ \sin\theta & -\cos\theta\end{bmatrix}$$

의 두 가지 형태뿐이고, 첫 번째는 원점에 관한 회전이동을 나타내고 두 번째는 원점에 관한 회전과 x-축에 관한 대칭이동의 합성을 나타낸다. 사실 두 번째 직교변환은 x-축과 $\theta/2$ 각도를 이루는 원점을 지나는 직선 l에 관한 대칭이동 R_l로도 볼 수 있다.

보조정리 1.4

$A = \begin{bmatrix} \cos\theta & \sin\theta \\ \sin\theta & -\cos\theta \end{bmatrix}$는 x-축과 $\dfrac{\theta}{2}$의 각도를 이루는 직선 l에 관한 대칭이동 R_l을 나타낸다.

증명 이를 증명하기 위해, 먼저

$$A = \begin{bmatrix} \cos\theta & \sin\theta \\ \sin\theta & -\cos\theta \end{bmatrix} = \begin{bmatrix} \cos\theta & -\sin\theta \\ \sin\theta & \cos\theta \end{bmatrix} \begin{bmatrix} 1 & 0 \\ 0 & -1 \end{bmatrix}$$

로 표현됨을 알자. 이때 $\begin{bmatrix} \cos\theta & -\sin\theta \\ \sin\theta & \cos\theta \end{bmatrix}$는 원점에 관한 각도 θ만큼의 회전이동을 나타내고 $\begin{bmatrix} 1 & 0 \\ 0 & -1 \end{bmatrix}$은 x-축에 관한 대칭이동을 나타낸다. 따라서 $A = \begin{bmatrix} \cos\theta & \sin\theta \\ \sin\theta & -\cos\theta \end{bmatrix}$는 x-축과 $\theta/2$의 각도를 이루는 직선 l에 관한 대칭이동 R_l이 됨을 알 수 있다([그림 1.1]).

실제로, 회전이동과 대칭이동은 아핀사상이고 $\mathbb{R}^2$에서의 아핀사상은 아핀독립인 세 점에 의해 완전히 결정된다(제 2장 참조). 따라서 θ가 영이 아닌 경우에는 세 점 P, Q, R로 P는 원점, Q는 직선 l위의 점 $\begin{pmatrix} \cos\dfrac{\theta}{2} \\ \sin\dfrac{\theta}{2} \end{pmatrix}$, $R=(1,0)$을 택하면 P, Q, R은 아핀독립이고

$$A(P) = P = R_l(P),$$

$$A(Q) = \begin{bmatrix} \cos\theta & \sin\theta \\ \sin\theta & -\cos\theta \end{bmatrix} \begin{pmatrix} \cos\frac{\theta}{2} \\ \sin\frac{\theta}{2} \end{pmatrix} = \begin{pmatrix} \cos\frac{\theta}{2} \\ \sin\frac{\theta}{2} \end{pmatrix} = R_l \begin{pmatrix} \cos\frac{\theta}{2} \\ \sin\frac{\theta}{2} \end{pmatrix},$$

$$A(R) = \begin{bmatrix} \cos\theta & \sin\theta \\ \sin\theta & -\cos\theta \end{bmatrix} \begin{pmatrix} 1 \\ 0 \end{pmatrix} = \begin{pmatrix} \cos\theta \\ \sin\theta \end{pmatrix} = R_l(1,0)$$

이므로, $T(\mathbf{x}) = A\mathbf{x}$라 할 때 $T = R_l$이 된다. ■

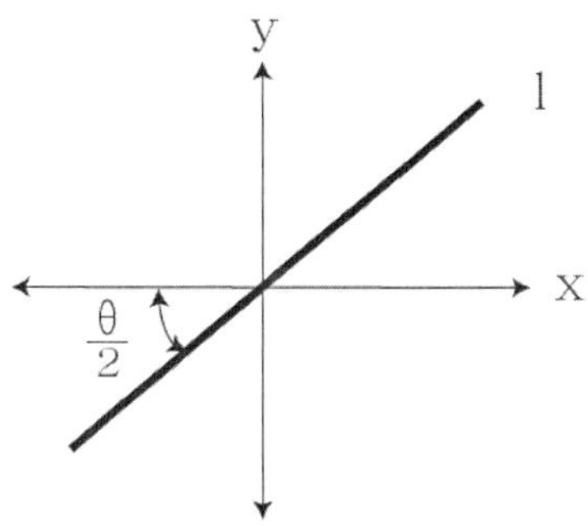

[그림 1.1]

1장 연습문제

1. 다음과 같이 정의된 집합이 행렬곱에 관해 군이 되는지 판별하라.

(1) $M(2, \mathbb{R}) = \left\{ \begin{bmatrix} a & b \\ c & d \end{bmatrix} \middle| \, a, b, c, d \in \mathbb{R} \right\}$

(2) $GL(2, \mathbb{R}) = \left\{ \begin{bmatrix} a & b \\ c & d \end{bmatrix} \in M(2, \mathbb{R}) \middle| \, ad - bc \neq 0 \right\}$

2. 벡터 $\mathrm{u} \in \mathbb{R}^3$의 $\mathrm{v}(\neq 0) \in \mathbb{R}^3$로의 정사영(orthogonal projection) $P_{\mathrm{v}}(\mathrm{u})$를 다음과 같이 정의하자.

$$P_{\mathrm{v}}(\mathrm{u}) = \frac{\langle \mathrm{u}, \mathrm{v} \rangle}{\|\mathrm{v}\|^2} \mathrm{v}$$

이때 $P_{\mathrm{v}} : \mathbb{R}^3 \to \mathbb{R}^3$가 선형사상임을 보이고, 표준기저에 관해 P_{v}를 행렬로 나타내라.

3. 임의의 실수 m에 대하여 $\mathrm{v} = (1, m)$일 때, $\mathrm{v} \in \mathbb{R}^2$로의 정사영 P_{v}를 표준기저에 관해 행렬로 나타내면 다음과 같이 주어짐을 보여라.

$$\frac{1}{1+m^2} \begin{bmatrix} 1 & m \\ m & m^2 \end{bmatrix}$$

4. 일반선형군 $GL(n, \mathbb{R})$에 속하는 행렬의 모든 열벡터는 서로 선형독립인 기저인 반면, 직교군 $O(n)$에 속하는 행렬의 모든 열벡터는 **정규직교기저**(orthonormal basis)를 이룬다. 한편 임의로 주어진 기저에 Gram-Schmidt 과정을 적용하여

그 기저를 항상 정규직교기저로 변환할 수 있다. 따라서 일반선형군 $GL(n, \mathbb{R})$으로부터 직교군 $O(n)$으로 가는 자연스러운 함수를 정의할 수 있다. 이 과정을 수학적으로 조금 더 엄밀하게 말하면, 임의의 $A \in GL(n, \mathbb{R})$에 대하여 A를

$$A = BC,\ \ B \in O(n),\ \ C \in T_+(n)$$

으로 유일하게 표현할 수 있다는 의미이다. 여기서, $T_+(n)$은 대각선이 모두 양수인 성분이고 대각선 아래 부분은 모두 영인 $n \times n$-행렬들의 모임인 **상삼각행렬군**(upper triangular matrix group)을 나타낸다. 위의 주장을 증명하기 위해, 다음 물음에 답하라.

(1) $T_+(n)$이 $M(n, \mathbb{R})$의 덧셈과 스칼라 곱에 관해 닫혀있는지 조사하라.

(2) $T_+(n)$이 $GL(n, \mathbb{R})$의 부분집합인지 조사하라.

(3) $A = (\mathsf{a}_1, \mathsf{a}_2, \dots, \mathsf{a}_n) \in GL(n, \mathbb{R})$일 때, 열벡터 $\mathsf{a}_1, \mathsf{a}_2, \dots, \mathsf{a}_n$에 Gram-Schmidt 과정을 적용하여 직교기저(orthogonal basis) $\mathsf{f}_1, \mathsf{f}_2, \dots, \mathsf{f}_n$을 찾아라.

(힌트: $\mathsf{f}_1 = \mathsf{a}_1,\ \mathsf{f}_i = \mathsf{a}_i - \sum_{j=1}^{i-1} \frac{\langle \mathsf{a}_i, \mathsf{f}_j \rangle}{\langle \mathsf{f}_j, \mathsf{f}_j \rangle} \mathsf{f}_j,\ 2 \le i \le n$)

(4) $F = (\mathsf{f}_1, \mathsf{f}_2, \dots, \mathsf{f}_n)$ 이라 할 때, 행렬 F를

$$F = AT_1,\ \ T_1 \in T_+(n)$$

로 표시하고 이 과정을 **기본열연산**(elementary column operation)으로 설명하라.

(5) $\mathsf{f}_1, \mathsf{f}_2, \dots, \mathsf{f}_n$을 정규직교기저 $\mathsf{b}_1, \mathsf{b}_2, \dots, \mathsf{b}_n$으로 변형하고 $B = (\mathsf{b}_1, \mathsf{b}_2, \dots, \mathsf{b}_n)$라 할 때, $B = AT_2,\ \ T_2 \in T_+(n)$으로 나타내라.

(6) A를 $A = BC,\ B \in O(n),\ C \in T_+(n)$의 형태로 나타내라.

(7) A가

$$A = BC,\ B \in O(n),\ \ C \in T_+(n)$$

의 형태로 유일하게 표현됨을 보여라. 즉 $B_i \in O(n),\ i = 1,2$과 $C_i \in T_+(n),\ i = 1,2$에 대하여 $A = B_1C_1$이고 $A = B_2C_2$이면 $B_1 = B_2$이고 $C_1 = C_2$임을 보여라. (힌트: 아래 문제 5의 결과를 이용하라.)

(8) 위의 (7)를 이용하여, $GL(n, \mathbb{R})$이 $O(n) \times T_+(n)$과 위상동형(homeomorphic)임을 보여라.

(9) $T_+(n)$과 $\mathbb{R}^{n(n+1)/2}$과 위상동형임을 보여라.

(10) 특수선형군 $SL(n, \mathbb{R})$이 $SO(n) \times \mathbb{R}^{(n^2+n-2)/2}$와 위상동형임을 보여라.

5. $O(n) \bigcap T_+(n) = \{E_n\}$임을 보여라.

6. $GL(2, \mathbb{R})$에서 위수가 3인 두 개의 서로 다른 부분군을 찾아라.

7. $O(2) \times T_+(2)$에는 위수가 3인 부분군이 단 하나 존재함을 보여라. 이를 위의 문제 6의 결과와 비교하면 일반선형군 $GL(2, \mathbb{R})$과 $O(2) \times T_+(2)$는 서로 군으로 동형이 아님을 알 수 있다.

8. $A(t),\ -\varepsilon < t < \varepsilon\ (\varepsilon > 0)$을 $GL(n, \mathbb{R})$상의 정칙곡선이라 할 때,

$$\left.\frac{d}{dt}\right|_{t=0} \det(A(t))$$

를 $A(0)$와 $A'(0)$를 이용하여 나타내라.

9. 다음과 같이 주어진 행렬 A가 직교군 $O(2)$의 원소일 필요충분조건을 찾아라.

$$A=\begin{bmatrix} a+b & b-a \\ a-b & a+b \end{bmatrix},\ \ a,b\in\mathbb{R}$$

10. 다음과 같이 주어진 행렬 A가 직교군 $O(3)$의 원소일 필요충분조건을 찾아라.

$$A=\begin{bmatrix} a & \dfrac{1}{\sqrt{2}} & -\dfrac{1}{\sqrt{2}} \\ b & \dfrac{1}{\sqrt{6}} & \dfrac{1}{\sqrt{6}} \\ c & \dfrac{1}{\sqrt{3}} & \dfrac{1}{\sqrt{3}} \end{bmatrix},\ \ a,b,c\in\mathbb{R}$$

Introduction to Geometry

제2장

아핀사상과 등장사상

$\mathbb{R}^n$상에서 정의된 등장사상의 기본적인 정의는 이미 제1장에서 설명하였다. $\mathbb{R}^n$상의 등장사상은 아핀사상을 이용하여 표현할 수 있고 이를 설명하기 위해서는 아핀공간의 정의부터 시작해야 한다.

$\mathbb{R}^n$의 부분집합 A의 임의의 두 원소 a, b가

$$\lambda\mathsf{a} + (1-\lambda)\mathsf{b} \in A, \ \lambda \in \mathbb{R}$$

을 만족할 때, A를 **아핀부분공간**(affine subspace)이라 한다([그림 2.1]).

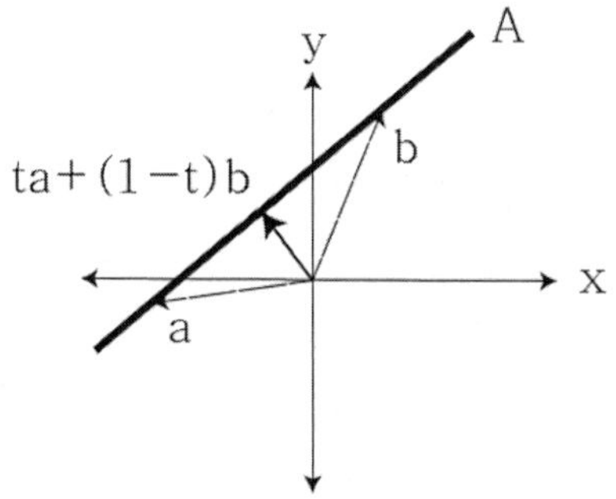

[그림 2.1]

보조정리 2.1

A가 아핀부분공간일 때, $k \geq 2$개의 임의의 원소 $\mathsf{a}_1, \mathsf{a}_2, \dots, \mathsf{a}_k \in A$와 $\sum_{i=1}^{k} \lambda_i = 1$을 만족하는 $\lambda_1, \lambda_2, \dots, \lambda_k$에 대하여 다음이 성립한다.

$$\sum_{i=1}^{k} \lambda_i \mathsf{a}_i \in A$$

증명 $\sum_{i=1}^{k} \lambda_i = 1$일 때, $\sum_{i=1}^{k} \lambda_i \mathsf{a}_i \in A$임을 수학적 귀납법을 이용하여 증명한다. 만약 모든 $\lambda_i = 1$이라면 $\sum_{i=1}^{k} \lambda_i = 1$이 성립하지 않음으로 $\lambda_i \neq 1$을 만족하는 i가

존재한다. 따라서 $\lambda_k \neq 1$이라 가정해도 일반성을 잃지 않는다. 이때 다음이 성립한다.

$$\sum_{i=1}^{k} \lambda_i \mathrm{a}_i = \sum_{i=1}^{k-1} \lambda_i \mathrm{a}_i + \lambda_k \mathrm{a}_k = (1-\lambda_k)\left(\sum_{i=1}^{k-1} \frac{\lambda_i}{1-\lambda_k} \mathrm{a}_i\right) + \lambda_k \mathrm{a}_k$$

하지만, $\displaystyle\sum_{i=1}^{k-1} \frac{\lambda_i}{1-\lambda_k} = 1$이므로 귀납적 가정에 의해 $\displaystyle\sum_{i=1}^{k-1} \frac{\lambda_i}{1-\lambda_k} \mathrm{a}_i$는 A의 원소이다. 따라서

$$\sum_{i=1}^{k} \lambda_i \mathrm{a}_i = (1-\lambda_k)\left(\sum_{i=1}^{k-1} \frac{\lambda_i}{1-\lambda_k} \mathrm{a}_i\right) + \lambda_k \mathrm{a}_k$$

도 아핀공간의 정의에 의해 A의 원소가 됨을 알 수 있다. ■

임의의 아핀부분공간 A를 적당한 벡터 x_0와 벡터부분공간 V를 이용하여 다음과 같이 나타낼 수 있다.

$$A = \mathrm{x}_0 + V$$

실제로, 다음 보조정리가 성립한다.

보조정리 2.2

다음 명제가 성립한다.

(1) V가 $\mathbb{R}^n$의 부분공간이고 x_0가 $\mathbb{R}^n$의 임의의 벡터일 때, $A = \mathrm{x}_0 + V$는 항상 아핀공간이다.

(2) 임의의 아핀공간 $A \subset \mathbb{R}^n$는 $\mathbb{R}^n$의 적당한 벡터부분공간 V와 벡터 $\mathrm{x}_0 \in \mathbb{R}^n$를 이용하여 $A = \mathrm{x}_0 + V$로 항상 나타낼 수 있다.

증명 (1) a와 b를 A의 임의의 두 벡터라 할 때, a와 b를 적당한 두 벡터 $\mathrm{a}', \mathrm{b}' \in V$

을 이용하여 $\mathrm{a} = \mathrm{x}_0 + \mathrm{a}'$과 $\mathrm{b} = \mathrm{x}_0 + \mathrm{b}'$으로 표현할 수 있다. 따라서 임의의 $\lambda \in \mathbb{R}$에 대하여

$$\begin{aligned}\lambda \mathrm{a} + (1-\lambda)\mathrm{b} &= \lambda(\mathrm{x}_0 + \mathrm{a}') + (1-\lambda)(\mathrm{x}_0 + \mathrm{b}') \\ &= \mathrm{x}_0 + (\lambda \mathrm{a}' + (1-\lambda)\mathrm{b}') \in \mathrm{x}_0 + V = A\end{aligned}$$

가 된다. 즉 $A = \mathrm{x}_0 + V$는 항상 아핀공간이다.

(2) 먼저 임의의 고정된 벡터 $\mathrm{x}_0 \in A$을 택하자. 그런 다음, $V := A - \mathrm{x}_0$라 하면 V가 벡터부분공간이 된다. 실제로,

(i) 임의의 $\lambda \in \mathbb{R}$과 $\mathrm{a} - \mathrm{x}_0 \in V$에 대하여,

$$\lambda(\mathrm{a} - \mathrm{x}_0) + \mathrm{x}_0 = \lambda \mathrm{a} + (1-\lambda)\mathrm{x}_0 \in A$$

이므로 $\lambda(\mathrm{a} - \mathrm{x}_0)$는 항상 V의 원소이다.

(ii) 임의의 두 원소 $\mathrm{a} - \mathrm{x}_0, \mathrm{b} - \mathrm{x}_0 \in V$에 대하여,

$$(\mathrm{a} - \mathrm{x}_0) + (\mathrm{b} - \mathrm{x}_0) + \mathrm{x}_0 = 1 \cdot \mathrm{a} + 1 \cdot \mathrm{b} + (-1) \cdot \mathrm{x}_0 \in A$$

이다. 따라서 $(\mathrm{a} - \mathrm{x}_0) + (\mathrm{b} - \mathrm{x}_0)$는 항상 V의 원소가 된다. 사실, 임의의 원소 $\mathrm{a} - \mathrm{x}_0 \in V$의 역원은

$$(-\mathrm{a} + 2\mathrm{x}_0) - \mathrm{x}_0 \in A - \mathrm{x}_0$$

로 주어진다. 여기서, $-\mathrm{a} + 2\mathrm{x}_0$의 실수 계수의 합이 $-1 + 2 = 1$이므로 $-\mathrm{a} + 2\mathrm{x}_0 \in A$이다. ■

위의 **[보조정리 2.2]**를 이용하여 아핀부분공간 A의 차원을 벡터부분공간 V의 차원으로 나타낸다. 이때 아핀부분공간 A의 차원은 벡터부분공간 V의 선택에 의존하지 않음을 알 수 있다.

$\mathbb{R}^n$의 임의의 부분집합 X로부터 아핀부분공간을 생성할 수 있는 방법이 있다. 다시 말해서,

$$\mathrm{Aff}(X) = \left\{ \sum_{i=1}^{k} \lambda_i \mathbf{x}_i \;\middle|\; \mathbf{x}_i \in X,\ \sum_{i=1}^{k} \lambda_i = 1,\ k \in \mathbb{N},\ i = 1,2,\ldots,k \right\}$$

로 정의된 집합 $\mathrm{Aff}(X)$는 항상 $\mathbb{R}^n$의 아핀부분공간이 된다. 이때 $\mathrm{Aff}(X)$는 기하적으로 X를 포함하는 가장 작은 $\mathbb{R}^n$의 아핀부분공간이다. 예를 들어, $\mathbb{R}^2$상의 임의의 서로 다른 두 점에 의해 생성된 아핀부분공간은 바로 직선이다.

아핀기하학에서는 선형독립(또는 일차독립)인 개념과 유사하게 아핀독립이란 개념을 정의할 수 있다. 즉, $r+1$개의 벡터 $\mathbf{x}_0, \mathbf{x}_1, \ldots, \mathbf{x}_r$이 **아핀독립**(affinely independent)이란

$$\sum_{i=0}^{r} \lambda_i \mathbf{x}_i = 0,\ \ \sum_{i=0}^{r} \lambda_i = 0$$

일 때, $\lambda_0 = \lambda_1 = \ldots = \lambda_r = 0$이 성립하는 경우이다.

보조정리 2.3

$X = \{\mathbf{x}_0, \mathbf{x}_1, \ldots, \mathbf{x}_r\}$라 할 때, X가 아핀독립일 필요충분조건은 r개의 벡터

$$\mathbf{x}_1 - \mathbf{x}_0, \mathbf{x}_2 - \mathbf{x}_0, \ldots, \mathbf{x}_r - \mathbf{x}_0$$

가 선형독립이다.

증명 먼저 X가 아핀독립이라 가정하고

$$\sum_{i=1}^{r} \mu_i (\mathbf{x}_i - \mathbf{x}_0) = 0,\ \ \mu_i \in \mathbb{R},\ \ i = 1,2,\ldots,r$$

이라 하자. 그러면 위의 등식은

$$0=\sum_{i=1}^{r}\mu_i(\mathbf{x}_i-\mathbf{x}_0)=\sum_{i=1}^{r}\mu_i\mathbf{x}_i-\left(\sum_{i=1}^{r}\mu_i\right)\mathbf{x}_0$$

이고

$$\sum_{i=1}^{r}\mu_i+\left(-\sum_{i=1}^{r}\mu_i\right)=0$$

이므로 가정에 의해 모든 $\mu_i=0$이 된다. 즉, r개의 벡터

$\mathbf{x}_1-\mathbf{x}_0, \mathbf{x}_2-\mathbf{x}_0, \dots, \mathbf{x}_r-\mathbf{x}_0$가 선형독립이다.

반대로, $\sum_{i=0}^{r}\lambda_i=0$과 $\sum_{i=0}^{r}\lambda_i\mathbf{x}_i=0$을 만족한다고 가정하자.

그러면 $\lambda_0=-\sum_{i=1}^{r}\lambda_i$이고

$$\sum_{i=1}^{r}\lambda_i\mathbf{x}_i+\left(-\sum_{i=1}^{r}\lambda_i\right)\mathbf{x}_0=0$$

이므로 $\sum_{i=1}^{r}\lambda_i(\mathbf{x}_i-\mathbf{x}_0)=0$이다. 가정에 의해, r개의 벡터

$\mathbf{x}_1-\mathbf{x}_0, \mathbf{x}_2-\mathbf{x}_0, \dots, \mathbf{x}_r-\mathbf{x}_0$가 선형독립이므로 모든 $\lambda_i=0,\ i=1,2,\dots,r$이고

따라서 $\lambda_0=0$이다. 즉 X는 아핀독립이다. ■

$r+1$개의 벡터 $X=\{\mathbf{x}_0,\mathbf{x}_1,\dots,\mathbf{x}_r\}$이 아핀독립일 때, 이 벡터들에 의해 생성된 아핀부분공간 $\mathrm{Aff}(X)$의 차원은 r이 된다. 이때 X를 **아핀기저(affine basis)**라 부른다. 특히 $\mathbb{R}^n$의 $n-1$차원 아핀부분공간 H를 **초평면**(hyperplane)이라 부른다. 만약 H가 초평면이면 $H=\langle\mathbf{x}\rangle^\perp$를 만족하는 영이 아닌 벡터 $\mathbf{x}$가 항상 존재한다. 또한 초평면의 특별한 경우로, 임의의 서로 다른 두 벡터 $\mathbf{a},\mathbf{b}\in\mathbb{R}^n$에 대하여 다음과 같이 정의된 집합

$$H = \{\mathrm{x} \in \mathbb{R}^n \mid d(\mathrm{x}, \mathrm{a}) = d(\mathrm{x}, \mathrm{b})\}$$

는 이 책에서 중요한 역할을 하는 초평면 중의 하나이다([그림 2.2]).

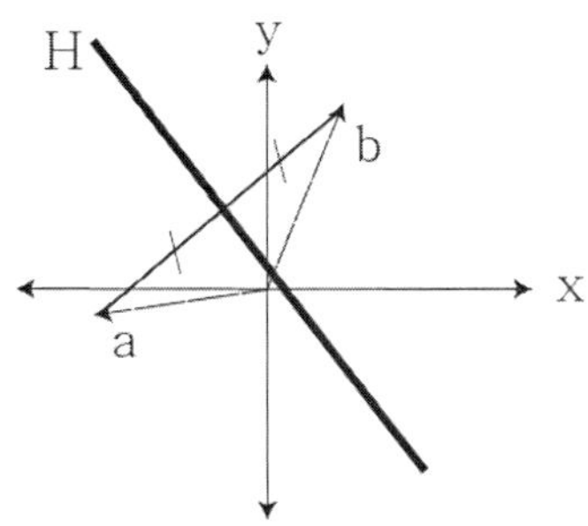

[그림 2.2]

$\mathbb{R}^n$의 두 개의 아핀부분공간 A, B 사이에서 정의된 함수 $f : A \to B$가

$$f(\lambda \mathrm{a} + (1-\lambda)\mathrm{b}) = \lambda f(\mathrm{a}) + (1-\lambda) f(\mathrm{b}), \ \mathrm{a}, \mathrm{b} \in A, \lambda \in \mathbb{R}$$

을 만족할 때, f를 **아핀사상**(affine map)이라 한다. 선형사상과 아핀사상은 서로 밀접한 관계를 가지고 있다. 즉 $\mathbb{R}^n$의 두 개의 아핀부분공간 A, B에 대하여 $\mathrm{a}_0 \in A$, $\mathrm{b}_0 \in B$인 두 점을 택한 뒤, 선형사상

$$L : A - \mathrm{a}_0 \to B - \mathrm{b}_0$$

가 존재하면 $f_L(\mathrm{x}) = L(\mathrm{x} - \mathrm{a}_0) + \mathrm{b}_0$, $\mathrm{x} \in A$로 정의된 함수 $f_L : A \to B$는 항상 아핀사상이 된다. 실제로, 임의의 $\lambda \in \mathbb{R}$과 $\mathrm{a}_1, \mathrm{a}_2 \in A$에 대하여 다음 등식이 성립한다.

$$\begin{aligned} f(\lambda \mathrm{a}_1 + (1-\lambda)\mathrm{a}_2) &= L(\lambda \mathrm{a}_1 + (1-\lambda)\mathrm{a}_2 - \mathrm{a}_0) + \mathrm{b}_0 \\ &= L(\lambda(\mathrm{a}_1 - \mathrm{a}_0) + (1-\lambda)(\mathrm{a}_2 - \mathrm{a}_0)) + \mathrm{b}_0 \\ &= \lambda L(\mathrm{a}_1 - \mathrm{a}_0) + (1-\lambda) L(\mathrm{a}_2 - \mathrm{a}_0) + \mathrm{b}_0 \\ &= \lambda(L(\mathrm{a}_1 - \mathrm{a}_0) + \mathrm{b}_0) + (1-\lambda)(L(\mathrm{a}_2 - \mathrm{a}_0) + \mathrm{b}_0) \\ &= \lambda f(\mathrm{a}_1) + (1-\lambda) f(\mathrm{a}_2) \end{aligned}$$

반대로, 임의의 아핀사상 $f : A \to B$에 대하여

$$L_f : A - \mathrm{a}_0 \to B - f(\mathrm{a}_0),\ \ L_f(\mathrm{a}) = f(\mathrm{a} + \mathrm{a}_0) - f(\mathrm{a}_0)$$

로 정의된 함수 L_f는 선형사상이 되고

$$f(\mathrm{a}) = L_f(\mathrm{a} - \mathrm{a}_0) + f(\mathrm{a}_0)$$

를 만족한다. 실제로, 임의의 실수 s, t에 대하여

$$\begin{aligned} L_f(s\mathrm{x} + t\mathrm{y}) &= f(s\mathrm{x} + t\mathrm{y} + \mathrm{a}_0) - f(\mathrm{a}_0), \\ &= f(s\mathrm{x} + \mathrm{a}_0) + f(t\mathrm{y} + \mathrm{a}_0) - f(\mathrm{a}_0) - f(\mathrm{a}_0), \\ &= L_f(s\mathrm{x}) + L_f(t\mathrm{y}) \end{aligned}$$

이다. 위의 두 번째 등식을 얻기 위해

$$s\mathrm{x} + t\mathrm{y} + \mathrm{a}_0 = 1 \cdot (s\mathrm{x} + \mathrm{a}_0) + 1 \cdot (t\mathrm{y} + \mathrm{a}_0) + (-1) \cdot \mathrm{a}_0$$

와 $1 + 1 - 1 = 1$, 그리고 $s\mathrm{x} + \mathrm{a}_0, t\mathrm{y} + \mathrm{a}_0, \mathrm{a}_0 \in A$인 사실을 이용했다. 또, 비슷한 계산에 의해

$$\begin{aligned} L_f(s\mathrm{x}) &= f(s\mathrm{x} + \mathrm{a}_0) - f(\mathrm{a}_0) \\ &= f(s(\mathrm{x} + \mathrm{a}_0) + (1 - s)\mathrm{a}_0) - f(\mathrm{a}_0) \\ &= s f(\mathrm{x} + \mathrm{a}_0) + (1 - s) f(\mathrm{a}_0) - f(\mathrm{a}_0) \\ &= s(f(\mathrm{x} + \mathrm{a}_0) - f(\mathrm{a}_0)) \\ &= s L_f(\mathrm{x}) \end{aligned}$$

이다.

아핀부분공간과 아핀사상은 등장사상과 밀접한 관계를 가지고 있다. 먼저 임의의 등장사상 $f : \mathbb{R}^n \to \mathbb{R}^n$은 아핀독립인 $n+1$개의 벡터에 의해 유일하게 결정된다는 사실을 증명한다.

보조정리 2.4

$\{a_0, a_1, \ldots, a_n\}$을 임의의 아핀독립인 집합이라 할 때, 등장사상 $f:\mathbb{R}^n \to \mathbb{R}^n$은

$$f(a_0), f(a_1), \ldots, f(a_n)$$

에 의해 유일하게 결정된다.

증명 먼저 등장사상의 유일성을 증명하기 위해 g를

$$g(a_i) = f(a_i), \quad i = 0, 1, 2, \ldots, n$$

을 만족하는 또 다른 등장사상이라 하자. 그러면 $g^{-1} \circ f$는 다시 등장사상이고

$$g^{-1} \circ f(a_i) = a_i, \quad i = 0, 1, 2, \ldots, n$$

을 만족한다. 여기서 두 등장사상의 합성은 다시 등장사상이고 등장사상의 역함수도 등장사상이 된다는 사실을 이용하였다.

이제 $g = f$임을 보이기 위해, $T_{-a_0}:\mathbb{R}^n \to \mathbb{R}^n$을 $T_{-a_0}(x) = x - a_0$로 정의된 평행이동이라 하고 $b_i = T_{-a_0}(a_i)$라 하자. 그러면 다음이 성립한다.

$$b_0 = T_{-a_0}(a_0) = a_0 - a_0 = 0, \quad b_i = T_{-a_0}(a_i) = a_i - a_0$$

가정에 의해, $\{a_0, a_1, \ldots, a_n\}$이 아핀독립인 집합이므로 $\{b_1, b_2, \ldots, b_n\}$은 선형독립인 집합이다. 또한

$$h := T_{-a_0} \circ (g^{-1} \circ f) \circ T_{a_0}$$

라 정의하면 다음과 같은 두 가지 성질 (i), (ii)가 성립함을 쉽게 보일 수 있다.

(i) $h(b_i) = b_i, \quad i = 0, 1, 2, \ldots, n$

(ii) 임의의 $x \in \mathbb{R}^n$과 유클리드 거리함수 d에 대하여,

$$d(x, b_i) = d(h(x), h(b_i)) = d(h(x), b_i), \quad i = 0, 1, 2, \ldots, n$$

따라서 $d(\mathrm{x}, \mathrm{b}_i)^2 = \|\mathrm{x} - \mathrm{b}_i\|^2$이고 h가 등장사상이므로

$$\langle \mathrm{x}, \mathrm{b}_i \rangle = \langle h(\mathrm{x}), \mathrm{b}_i \rangle, \ i = 0, 1, 2, \ldots, n$$

이 성립한다. 한편 $\{\mathrm{b}_1, \mathrm{b}_2, \ldots, \mathrm{b}_n\}$은 $\mathbb{R}^n$의 기저이므로 위의 등식은 임의의 $\mathrm{z} \in \mathbb{R}^n$에 대하여 다음 등식이 성립함을 의미한다.

$$\langle \mathrm{x}, \mathrm{z} \rangle = \langle h(\mathrm{x}), \mathrm{z} \rangle$$

결론적으로, 임의의 $\mathrm{x} \in \mathbb{R}^n$에 대하여 $h(\mathrm{x}) = \mathrm{x}$이고 $g^{-1} \circ f(\mathrm{x}) = \mathrm{x}$, 즉 $f(\mathrm{x}) = g(\mathrm{x})$가 성립함을 알 수 있다. ■

보조정리 2.5

아핀독립인 두 집합

$$A = \{\mathrm{a}_0, \mathrm{a}_1, \cdots, \mathrm{a}_n\}, \ B = \{\mathrm{b}_0, \mathrm{b}_1, \cdots, \mathrm{b}_n\}$$

에 대하여, 만약 $d(\mathrm{a}_i, \mathrm{a}_j) = d(\mathrm{b}_i, \mathrm{b}_j), \ 0 \leq i, j \leq n$이 성립하면

$$f(\mathrm{a}_i) = \mathrm{b}_i, \ i = 0, 1, 2, \ldots, n$$

을 만족하는 아핀사상 $f : \mathbb{R}^n \to \mathbb{R}^n$이 항상 유일하게 존재한다.

증명 가정에 의해

$$\{\mathrm{a}_1 - \mathrm{a}_0, \mathrm{a}_2 - \mathrm{a}_0, \ldots, \mathrm{a}_n - \mathrm{a}_0\}, \{\mathrm{b}_1 - \mathrm{b}_0, \mathrm{b}_2 - \mathrm{b}_0, \ldots, \mathrm{b}_n - \mathrm{b}_0\}$$

는 $\mathbb{R}^n$의 기저이고 $\|\mathrm{a}_i - \mathrm{a}_0\| = \|\mathrm{b}_i - \mathrm{b}_0\|, \ i = 1, 2, \ldots, n$을 만족한다. 따라서 다음 등식이 성립한다.

$$\begin{aligned}&\|b_i - b_0\|^2 - 2\langle b_i - b_0, b_j - b_0\rangle + \|b_j - b_0\|^2\\ &= \|(b_i - b_0) - (b_j - b_0)\|^2\\ &= \|b_i - b_j\|^2 = d(b_i, b_j)^2 = d(a_i, b_j)^2 = \|a_i - a_j\|^2\\ &= \|a_i - a_0\|^2 - 2\langle a_i - a_0, a_j - a_0\rangle + \|a_j - a_0\|^2\end{aligned}$$

이때 선형사상

$$g : \mathbb{R}^n \to \mathbb{R}^n,\ \ g(a_i - a_0) = b_i - b_0,\ i = 1, 2, \ldots, n$$

이라 정의할 때, 다음이 성립함을 알 수 있다.

$$\langle a_i - a_0, a_j - a_0\rangle = \langle b_i - b_0, b_j - b_0\rangle = \langle g(a_i - a_0), g(a_j - a_0)\rangle$$

한편 이것은 $\{a_1 - a_0, a_2 - a_0, \ldots, a_n - a_0\}$가 $\mathbb{R}^n$의 기저이므로 임의의 두 벡터 $\mathrm{x}, \mathrm{y} \in R^n$에 대하여 다음 등식이 성립함을 의미한다.

$$\langle g(\mathrm{x}), g(\mathrm{y})\rangle = \langle \mathrm{x}, \mathrm{y}\rangle$$

즉 g는 직교변환이다.

이제 증명의 마지막 단계로, $f := T_{b_0} \circ g \circ T_{-a_0}$라 하면, 임의의 $\mathrm{x} \in \mathbb{R}^n$에 대하여

$$f(\mathrm{x}) = g(\mathrm{x} - a_0) + b_0 = g(\mathrm{x}) - g(a_0) + b_0$$

이고 $f(a_i) = b_i,\ i = 0, 1, 2, \ldots, n$이 성립함을 쉽게 보일 수 있다. 또한 위의 **[보조정리 2.4]**에 의해

$$f(a_i) = b_i,\ i = 0, 1, 2, \ldots, n$$

을 만족하는 등장사상 f는 유일하다. ■

[보조정리 2.5]에 의해, 임의의 등장사상 $f: \mathbb{R}^n \to \mathbb{R}^n$은 직교군 $O(n)$의 적당한 원소 A를 이용하여 다음과 같이 유일하게 나타낼 수 있다.

$$f(\mathrm{x}) = A\mathrm{x} + \mathrm{x}_0, \ \ \mathrm{x}_0 \in \mathbb{R}^n$$

이것은 $\mathbb{R}^n$의 등장사상들의 모임 $\mathrm{Isom}(\mathbb{R}^n)$이 다음 등식을 만족함을 의미한다.

$$\mathrm{Isom}(\mathbb{R}^n) = O(n) \ltimes \mathbb{R}^n$$

실제로 유클리드 공간 $\mathbb{R}^n$상의 임의의 등장사상에 대하여 다음 성질이 성립한다.

정리 2.6

임의의 등장사상 $f: \mathbb{R}^n \to \mathbb{R}^n$은 직교군 $O(n)$의 적당한 원소 A와 벡터 x_0를 이용하여

$$f(\mathrm{x}) = A\mathrm{x} + \mathrm{x}_0, \ \ \mathrm{x}_0 \in \mathbb{R}^n$$

으로 유일하게 나타낼 수 있다.

증명 증명을 위해 먼저

$$\langle \mathrm{a}_i - \mathrm{a}_0, \mathrm{a}_j - \mathrm{a}_0 \rangle = \delta_{ij}$$

을 만족하는 아핀기저 $\{\mathrm{a}_0, \mathrm{a}_1, \ldots, \mathrm{a}_n\}$을 택하고 $\mathrm{b}_i = f(\mathrm{a}_i)$라 하자. 그러면, 위의 **[보조정리 2.5]**의 증명과

$$d(\mathrm{b}_i, \mathrm{b}_j) = \|\mathrm{b}_i - \mathrm{b}_j\| = \|\mathrm{a}_i - \mathrm{a}_j\| = d(\mathrm{a}_i, \mathrm{a}_j), \ \ i, j = 0, 1, 2, \ldots, n$$

을 이용하여 다음 등식이 성립함을 보일 수 있다.

$$\langle \mathrm{b}_i - \mathrm{b}_0, \mathrm{b}_j - \mathrm{b}_0 \rangle = \langle \mathrm{a}_i - \mathrm{a}_0, \mathrm{a}_j - \mathrm{a}_0 \rangle = \delta_{ij}$$

따라서 $\{b_0, b_1, \ldots, b_n\}$은 다시 아핀기저가 된다. 그러면 **[보조정리 2.5]**에 의해

$$h(a_i) = b_i,\ \ i = 0, 1, 2, \ldots, n$$

을 만족하는 등장사상 $h : \mathbb{R}^n \to \mathbb{R}^n$이 유일하게 존재한다. 가정에 의해,

$$f(a_i) = b_i = h(a_i),\ \ i = 0, 1, 2, \ldots, n$$

이므로 사실은 $f = h$이다. 한편 **[보조정리 2.5]**의 증명에서 h가

$$h(x) = A(x - a_0) + b_0,\quad A \in O(n)$$

의 형태로 유일하게 주어짐으로 f도 역시

$$f(x) = A(x) + x_0,\ \ A \in O(n),\ \ x_0 = -A(a_0) + b_0$$

의 형태로 유일하게 주어짐을 알 수 있다. ■

위의 **[정리 2.6]**에 의해 임의의 두 원소 $f, g \in \mathrm{Isom}(\mathbb{R}^n)$은

$$f(x) = Ax + x_0,\ g(x) = Bx + y_0,\ A, B \in O(n),\ x_0, y_0 \in \mathbb{R}^n$$

로 표현된다. 따라서 합성함수 $g \circ f$는

$$\begin{aligned} g \circ f(x) &= g(f(x)) = g(Ax + x_0) \\ &= B(Ax + x_0) + y_0 \\ &= BAx + Bx_0 + y_0 \end{aligned}$$

로 주어진다. 즉 $\mathrm{Isom}(R^n)$에서 정의된 합성함수 $g \circ f$는 $O(n) \times \mathbb{R}^n$에서는

$$(B, y_0) \cdot (A, x_0) := (BA, Bx_0 + y_0)$$

에 대응함을 알 수 있다. 이것은 특히 $O(n) \times \mathbb{R}^n$의 군 구조가 곱공간 $O(n) \times \mathbb{R}^n$

과 다르다는 것을 의미한다. 한편 $(A, \mathbf{x}_0) \in O(n) \rtimes \mathbb{R}^n$의 역원은

$$(A^{-1}, -A^{-1}\mathbf{x}_0)$$

로 주어진다.

[정리 2.6]을 이용하여 등장군 $\mathrm{Isom}(\mathbb{R}^n)$의 차원을 쉽게 계산할 수 있다. 실제로,

$$\dim O(n) = \frac{n(n-1)}{2}$$

이고 $\mathbb{R}^n$의 차원은 n이므로 $\mathrm{Isom}(\mathbb{R}^n)$의 차원은 $\frac{n(n+1)}{2}$이다. 다음 표는 몇몇 저차원 유클리드 공간의 등장군의 차원을 정리한 것이다.

	$\dim \mathrm{Isom}(\mathbb{R}^n)$
$n=2$	3
$n=3$	6
$n=4$	10
$n=5$	15
$\vdots$	$\vdots$

또한 $\mathrm{Isom}(\mathbb{R}^n)$에 거리함수를 주어 거리공간으로 만들 수 있다. 이를 위해, 먼저 아핀독립인 $n+1$ 개의 벡터 $I = \{\mathbf{a}_0, \mathbf{a}_1, \ldots, \mathbf{a}_n\}$을 택하자. 그런 다음, 임의의 두 등장사상 $f, g \in \mathrm{Isom}(\mathbb{R}^n)$에 대하여 d_I를

$$d_I(f, g) := \max_{0 \le i \le n} d(f(\mathbf{a}_i), g(\mathbf{a}_i))$$

라 정의하면 d_I가 거리함수가 됨을 보일 수 있다.

보조정리 2.7

d_I는 $\mathrm{Isom}(\mathbb{R}^n)$에서 거리함수이다.

증명 (i) 임의의 $f, g \in \mathrm{Isom}(\mathbb{R}^n)$에 대하여. $d_I(f, g) \geq 0$이고 $d_I(f, g) = 0$일 필요충분 조건은

$$f(\mathsf{a}_i) = g(\mathsf{a}_i),\ i = 0, 1, 2, \ldots, n$$

이다. 즉 $f = g$이다.

(ii) 임의의 $f, g \in \mathrm{Isom}(\mathbb{R}^n)$에 대하여. $d_I(f, g) = d_I(g, f)$임은 자명하다.

(iii) 임의의 $f, g, h \in \mathrm{Isom}(\mathbb{R}^n)$에 대하여.

$$\begin{aligned} d_I(f,g) &= \max_{0 \leq i \leq n} d(f(\mathsf{a}_i), g(\mathsf{a}_i)) \\ &\leq \max_{0 \leq i \leq n} (d(f(\mathsf{a}_i), h(\mathsf{a}_i)) + d(h(\mathsf{a}_i), g(\mathsf{a}_i))) \\ &\leq d_I(f,h) + d_I(h,g) \end{aligned}$$

이다.

위의 (i), (ii), (iii)에 의해 d_I는 거리함수이다. ■

한편 d_I는 아핀기저 I의 선택에 의존하고, 정의에 의해

$$d_I(h \circ f, h \circ g) = d_I(f, g),\ f, g, h \in \mathrm{Isom}(\mathbb{R}^n)$$

을 만족한다. 하지만 거리함수 d_I에 의해 생성되는 $\mathrm{Isom}(\mathbb{R}^n)$의 위상은 아핀기저 I의 선택에 의존하지 않는다. 이를 설명하기 위해, 임의의 원소 $f_0 \in \mathrm{Isom}(\mathbb{R}^n)$와 $\varepsilon > 0$에 대하여 중심이 f_0이고 반지름이 ε인 열린공 $B_{d_I}(f_0, \varepsilon)$은 다음과 주어짐을 알자.

$$B_{d_I}(f_0, \varepsilon) = \left\{ g \in \mathrm{Isom}(\mathbb{R}^n) \mid d_I(f_0, g) < \varepsilon \right\}$$

보조정리 2.8

$I=\{\mathrm{a}_0, \mathrm{a}_1, \ldots, \mathrm{a}_n\}$과 $J=\{\mathrm{a}_0', \mathrm{a}_1', \ldots, \mathrm{a}_n'\}$을 $\mathbb{R}^n$의 두 아핀기저라 할 때, $\mathrm{Isom}(\mathbb{R}^n)$ 상에서 d_I에 의해 생성된 위상 $\mathfrak{T}_{d_I}$와 d_J에 의해 생성된 위상 $\mathfrak{T}_{d_J}$가 서로 같다.

증명 이를 증명하기 위해, 임의의 $f_0 \in \mathrm{Isom}(\mathbb{R}^n)$과 임의의 $\varepsilon > 0$에 대하여

$$B_{d_J}(f_0, \delta) \subset B_{d_I}(f_0, \varepsilon)$$

을 만족하는 $\delta > 0$가 존재함을 보이면 충분하다. 실제로, 먼저

$$\mathrm{a}_i = \sum_{j=0}^{n} \lambda_{ij} \mathrm{a}_j', \ \sum_{j=0}^{n} \lambda_{ij} = 1, \ i = 0, 1, 2, \ldots, n$$

로 표현하고

$$|\lambda_{ij}| \le M, \ i, j = 0, 1, 2, \ldots, n$$

과 $(n+1)M\delta < \varepsilon$을 만족하는 $M > 0$과 $\delta > 0$를 택하자. 그러면 임의의 원소 $g \in B_{d_J}(f_0, \delta)$에 대하여

$$\begin{aligned} \|f_0(\mathrm{a}_i) - g(\mathrm{a}_i)\| &= \|\sum_{j=0}^{n} \lambda_{ij} f_0(\mathrm{a}_j') - \sum_{j=0}^{n} \lambda_{ij} g(\mathrm{a}_j')\| \\ &= \|\sum_{j=0}^{n} \lambda_{ij} (f_0(\mathrm{a}_j') - g(\mathrm{a}_j'))\| \\ &\le (n+1)M\delta < \varepsilon, \ i = 0, 1, 2, \ldots, n \end{aligned}$$

이다. 따라서 $\max_{0 \le i \le n} \|f_0(a_i) - g(a_i)\| < \varepsilon$, 즉 $g \in B_{d_I}(f_0, \varepsilon)$이다. ■

등장사상의 방향성을 **[정리 2.6]**의 표현에서 나타나는 행렬 $A \in O(n)$의 행렬식의 부호 또는 값 ± 1을 이용하여 정의할 수 있다. 즉 만약 $\det(A) = 1$이면 f가 **양(direct)의 방향성을 갖는다**고 말하고 $\det(A) = -1$이면 f**가 음(opposite)의 방향**

성을 갖는다고 말한다. 양의 방향성을 갖는 등장사상들의 모임을 $\text{Isom}(\mathbb{R}^n)_+$ 또는 $\text{Isom}_d(\mathbb{R}^n)$으로 나타낼 때, $\text{Isom}(\mathbb{R}^n)$에서 $\mathbb{Z}_2 = \{-1,1\}$으로 가는 준동형사상 $\varphi(f) = \det(A)$를 이용하여

$$\text{Isom}(\mathbb{R}^n)/\text{Isom}(\mathbb{R}^n)_+ \cong \mathbb{Z}_2$$

임을 알 수 있다.

특히, $n=2$인 경우에는 임의의 $f \in \text{Isom}_d(\mathbb{R}^2)$를 다음과 같이 표현할 수 있다.

$$\begin{aligned} f(x,y) &= \begin{bmatrix} \cos\theta & -\sin\theta \\ \sin\theta & \cos\theta \end{bmatrix} \begin{pmatrix} x \\ y \end{pmatrix} + \begin{pmatrix} x_0 \\ y_0 \end{pmatrix} \\ &= (x\cos\theta - y\sin\theta, x\sin\theta + y\cos\theta) + (x_0, y_0) \end{aligned}$$

따라서 $z = x + iy$라 할 때, f를 복소수의 표현법을 이용하여 다음과 같이 나타낼 수 있다.

$$f(z) = e^{i\theta}z + z_0,\ z_0 = x_0 + y_0 i$$

2장 연습문제

1. $\mathbb{R}^n$의 아핀부분공간 A를 벡터부분공간 V와 W를 이용하여

$$A = \mathrm{x}_0 + V = \mathrm{y}_0 + W,\ \ \mathrm{x}_0, \mathrm{y}_0 \in A$$

로 표현할 때, $V = W$임을 보여라.

2. $f: A \to B$를 $\mathbb{R}^n$의 두 아핀부분공간 A와 B 사이의 아핀사상이라 할 때, $k \geq 2$개의 임의의 원소 $\mathrm{a}_1, \mathrm{a}_2, \dots, \mathrm{a}_k \in A$와 $\sum_{i=1}^{k} \lambda_i = 1$을 만족하는 $\lambda_1, \lambda_2, \dots, \lambda_k$에 대하여,

$$f\left(\sum_{i=1}^{k} \lambda_i \mathrm{a}_i\right) = \sum_{i=1}^{k} \lambda_i f(\mathrm{a}_i)$$

임을 보여라.

3. $X \subset \mathbb{R}^n$에 대하여, $g: X \to \mathbb{R}^n$가 등장사상일 때 g를 확장하는 등장사상 $f: \mathbb{R}^n \to \mathbb{R}^n$이 존재함을 보여라. 즉, $f|_X = g$를 만족하는 등장사상 $f: \mathbb{R}^n \to \mathbb{R}^n$이 존재함을 보여라.

4. 임의의 서로 다른 두 벡터 $\mathrm{a}, \mathrm{b} \in \mathbb{R}^n$에 대하여, 다음과 같이 정의된 집합 H가 $\mathbb{R}^n$의 $(n-1)$차원 벡터부분공간임을 보여라.

$$H = \{\mathrm{x} \in \mathbb{R}^n \mid d(\mathrm{x}, \mathrm{c}) = d(\mathrm{x}, -\mathrm{c})\},\ \ \mathrm{c} = \frac{\mathrm{a} - \mathrm{b}}{2}$$

5. 임의의 서로 다른 두 벡터 $\mathrm{a}, \mathrm{b} \in \mathbb{R}^n$에 대하여, 다음과 같이 정의된 집합 H가 $\mathbb{R}^n$

상에서 초평면임을 보여라.

$$H = \{\mathrm{x} \in \mathbb{R}^n \mid d(\mathrm{x}, \mathrm{a}) = d(\mathrm{x}, \mathrm{b})\}$$

6. L이 $y = mx$로 주어지는 직선일 때, L에 관한 대칭이동 R_L에 대하여 다음 물음에 답하라([그림 2.3]과 [그림 2.4] 참고).

(1) $\mathrm{w} = (-m, 1)$일 때, R_L이 다음 등식으로 주어짐을 보여라,

$$R_L(\mathrm{u}) = \mathrm{u} - 2\frac{\langle \mathrm{u}, \mathrm{w} \rangle}{\|\mathrm{w}\|^2}\mathrm{w}$$

(2) $\mathbb{R}^2$의 표준기저에 관해 R_L이 다음 행렬로 표현됨을 보여라.

$$\frac{1}{1+m^2}\begin{bmatrix} 1-m^2 & 2m \\ 2m & m^2-1 \end{bmatrix}$$

(3) l이 2차원 유클리드 평면 $\mathbb{R}^2$상에 놓여있는 $(0, 1)$를 통과하는 직선일 때, l에 관한 대칭이동 R_l이 다음과 같다.

$$R_l(x, y) = \begin{bmatrix} \frac{1}{\sqrt{2}} & \frac{1}{\sqrt{2}} \\ \frac{1}{\sqrt{2}} & -\frac{1}{\sqrt{2}} \end{bmatrix}\begin{pmatrix} x \\ y \end{pmatrix} + \begin{pmatrix} -\frac{1}{\sqrt{2}} \\ \frac{1}{\sqrt{2}}+1 \end{pmatrix}$$

이때 직선의 방정식 l를 구체적으로 찾아라.

7. $\mathbb{R}^n$상의 임의의 등장사상은 아핀사상으로 표현할 수 있다. 하지만 등장사상들의 모임인 등장군 $\mathrm{Isom}(\mathbb{R}^n)$은 $O(n)$과 $\mathbb{R}^n$의 곱공간과 군으로 동형이 아니다. 이를 확인하기 위해, 먼저 H를 $\mathbb{R}^n$의 초평면이라 할 때, 임의의 벡터 $\mathrm{x} \in \mathbb{R}^n$을

$$\mathrm{x} = \mathrm{y} + \mathrm{z},\ \mathrm{y} \in H,\ \mathrm{z} \perp (H - \mathrm{y})$$

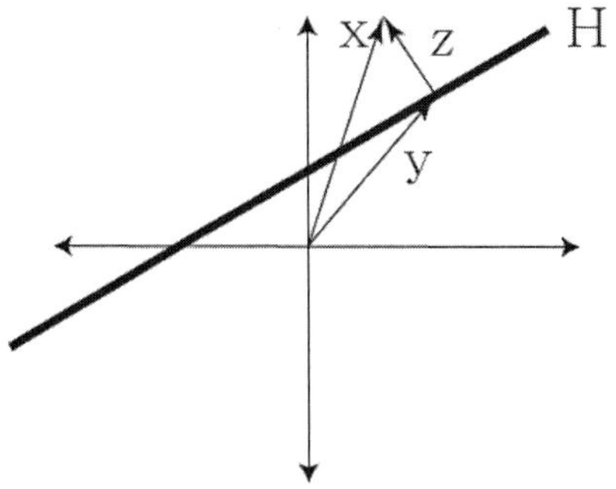

[그림 2.3]

로 유일하게 표현하자([그림 2.3]). 이때 초평면 H에 관한 대칭이동(reflection) R_H는

$$R_H(\mathbf{x}) = \mathbf{y} - \mathbf{z}$$

로 정의된다. 그러면 다음과 같은 성질이 성립한다.

$$\begin{aligned} R_H^2(\mathbf{x}) &= R_H(R_H(\mathbf{x})) = \mathbf{x},\ \mathbf{x} \in \mathbb{R}^n, \\ R_H(\mathbf{x}) &= \mathbf{x},\ \mathbf{x} \in H \end{aligned}$$

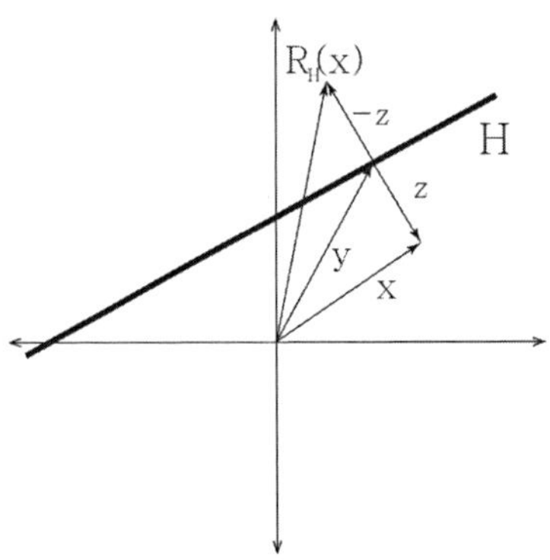

[그림 2.4]

또한 초평면 H가 원점을 포함하고 벡터 $\mathbf{a}$가 H에 수직일 때, R_H는 항상 다음과 같이 주어진다.

$$R_H(\mathrm{x}) = \mathrm{x} - \frac{2\langle \mathrm{x}, \mathrm{a} \rangle}{\|\mathrm{a}\|^2}\mathrm{a},\ \mathrm{x} \in \mathbb{R}^n$$

한편 R_H가

$$\langle R_H(\mathrm{x}), R_H(\mathrm{y}) \rangle = \langle \mathrm{x}, \mathrm{y} \rangle,\ \mathrm{x}, \mathrm{y} \in \mathbb{R}^n$$

을 만족하므로 R_H는 직교변환이 된다([그림 2.4]).

A가 $\mathbb{R}^n$의 $n-r$차원 아핀부분공간일 때, $f : \mathbb{R}^n \to \mathbb{R}^n$를 $f|_A = Id_A$을 만족하는 등장사상이라 하자. 이때 $n-r+1$개의 아핀독립인 벡터 $\mathrm{a}_0, \mathrm{a}_1, \cdots, \mathrm{a}_{n-r} \in A$를 확장하는 $n+1$개의 $\mathbb{R}^n$의 아핀기저

$$\{\mathrm{a}_0, \mathrm{a}_1, \cdots, \mathrm{a}_{n-r}, \mathrm{a}_{n-r+1}, \cdots, \mathrm{a}_n\}$$

을 택할 수 있다. 이때, 다음 물음에 자세히 답하라.

(1) $\mathrm{b}_i = f(\mathrm{a}_i),\ i = 0, 1, 2, \ldots, n$이고 $\mathrm{a}_0, \mathrm{a}_1, \cdots, \mathrm{a}_{n-r}, \mathrm{a}_{n-r+1}$에 의해 생성된 아핀공간을 B라 할 때, 다음 등식을 만족하는 초평면 H를 찾아라.

$$R_H \circ f|_B = Id|_B$$

(2) $r \geq 0$에 관한 수학적 귀납법을 이용하여, $\mathrm{a}_0, \mathrm{a}_1, \cdots, \mathrm{a}_{n-r}, \mathrm{a}_{n-r+1}$을 포함하는 $s\,(0 \leqq s \leqq r-1)$개의 초평면 H_i가 존재하여

$$R_H \circ f = R_{H_1} \circ R_{H_2} \circ \cdots \circ R_{H_s}$$

로 표현됨을 보여라. 즉 $f = R_H \circ R_{H_1} \circ \cdots \circ R_{H_s}$이다. 따라서 f는 많아야 A를 포함하는 초평면 r개의 대칭이동의 합성으로 표현된다. 특히, A가 공집합이면 r를 $n+1$로 택할 수 있다. 따라서 임의의 등장사상 $f : \mathbb{R}^n \to \mathbb{R}^n$

은 최대한 $n+1$개의 대칭이동의 합성으로 표현됨을 알 수 있다.

(3) g가 원점을 원점으로 보내는 등장사상인 경우에는 g가 직교변환군의 원소임을 보여, 임의의 등장사상 f를 직교군 $O(n)$의 원소 A를 이용하여

$$f(\mathrm{x}) = A\mathrm{x} + \mathrm{x}_0,\ \mathrm{x} \in \mathbb{R}^n$$

으로 표현할 수 있음을 증명하라.

8. $f : \mathbb{R}^n \to \mathbb{R}^n$이 다음 부등호

$$d(f(\mathrm{x}), \mathrm{x}) < K,\ \mathrm{x} \in \mathbb{R}^n,\ K > 0\text{는 상수}$$

를 만족하는 등장사상일 때, f가 평행이동인지 판별하라.

9. $\{\mathrm{a}, \mathrm{b}, \mathrm{c}\}$와 $\{\mathrm{a}', \mathrm{b}', \mathrm{c}'\}$이 $\mathbb{R}^2$상의 두 아핀기저일 때, 다음 물음에 자세히 답하라.

(1) $f(\mathrm{a}) = \mathrm{a}', f(\mathrm{b}) = \mathrm{b}', f(\mathrm{c}) = \mathrm{c}'$을 만족하는 아핀사상

$$f : \mathbb{R}^2 \to \mathbb{R}^2,\ \mathrm{x} \mapsto f(\mathrm{x}) = A\mathrm{x} + \mathrm{x}_0,\ A \in GL(2, \mathbb{R}),\ \mathrm{x}_0 \in \mathbb{R}^2$$

가 유일하게 존재함을 보여라.

(2) 문제 (1)의 행렬 A를 이용하여 다음 식이 성립함을 보여라.

$$|\det(A)| \cdot \mathrm{Area}(\Delta(\mathrm{abc})) = \mathrm{Area}(\Delta(\mathrm{a}'\mathrm{b}'\mathrm{c}'))$$

단, 여기서 $\Delta(\mathrm{abc})$와 $\Delta(\mathrm{a}'\mathrm{b}'\mathrm{c}')$는 각각 $\mathrm{a}, \mathrm{b}, \mathrm{c}$와 $\mathrm{a}', \mathrm{b}', \mathrm{c}'$을 꼭짓점으로 갖는 삼각형을 나타낸다.

10. 함수 $f : \mathbb{R}^n \to \mathbb{R}^n$이 거리를 보존할 때, f가 항상 전사함수임을 보여라.

11. 2차원 유클리드 공간 $\mathbb{R}^2$상의 양의 방향성을 갖는 등장사상들의 모임인 등장군

$\text{Isom}_d(\mathbb{R}^2)$이 다음과 같이 정의된 군

$$D = \left\{ \begin{bmatrix} w & z \\ 0 & 1 \end{bmatrix} \,\middle|\, w, z \in C, \, |w| = 1 \right\}$$

과 서로 군동형임을 보여라.

12. $G = \left\{ \begin{bmatrix} A & \mathbf{x}_0 \\ 0 & 1 \end{bmatrix}_{(n+1)\times(n+1)} \in M(n+1, \mathbb{R}) \,\middle|\, A \in O(n), \, \mathbf{x}_0 \in \mathbb{R}^n \right\}$

이고 임의의 등장사상 $f : \mathbb{R}^n \to \mathbb{R}^n$을

$$f(\mathbf{x}) = A\mathbf{x} + \mathbf{x}_0, \ A \in O(n), \ \mathbf{x}_0 \in \mathbb{R}^n$$

으로 나타낼 때, 다음과 같이 정의된 함수

$$\varphi : \text{Isom}(\mathbb{R}^n) \to G, \ f \mapsto \begin{bmatrix} A & \mathbf{x}_0 \\ 0 & 1 \end{bmatrix}$$

가 군동형사상임을 보여라.

13. X가 거리공간일 때, $f : X \to X$가 거리를 보존하는 함수이면 f가 항상 전사함수인지 판별하라.

14. $\text{Isom}(\mathbb{R}^n)$에서 $\mathbb{Z}_2 = \{-1, 1\}$으로 가는 준동형사상 $\varphi(f) = \det(A)$를 이용하여

$$\text{Isom}(\mathbb{R}^n)/\text{Isom}(\mathbb{R}^n)_+ \cong \mathbb{Z}_2$$

가 성립함을 보여라.

15. 점 $\mathbf{p} \in \mathbb{R}^n$을 통과하고 방향벡터가 $\mathbf{v} \neq 0$인 직선 L이 등장사상 $f(\mathbf{x}) = A\mathbf{x} + \mathbf{x}_0$에 의해 보존될 때, 다음 물음에 답하라.

(1) $A\mathbf{v}$가 $\mathbf{v}$에 평행함을 보여라.

(2) $(A-E_n)\mathbf{p}+\mathbf{x}_0$가 $\mathbf{v}$와 평행함을 보여라. 단, 여기서 E_n은 $n\times n$-단위행렬이다.

16. 유클리드 공간 $\mathbb{R}^n$상에서 모든 등장사상은 서로 만나지 않는 두 평행한 직선을 다시 서로 만나지 않는 두 평행한 직선으로 보냄을 보여라.

Introduction to Geometry

제3장

$\mathbb{R}^2$의 등장사상의 분류

2차원 유클리드 공간 $\mathbb{R}^2$상의 등장사상을 양의 방향성을 갖는 것과 음의 방향성을 갖는 것으로 크게 분류할 수 있고, 양의 방향성을 갖는 등장사상은 다시 평행이동과 회전이동으로 분류할 수 있다. 반면, 음의 방향성을 갖는 등장사상에는 대칭이동과 글라이드대칭이동(glide reflection)이 있다. 이 장에서는 이에 대한 자세한 설명을 한다.

(1) 평행이동

평행이동은 임의의 벡터 $\mathbf{a}$에 대하여 $T_{\mathbf{a}}(\mathbf{x}) = \mathbf{x} + \mathbf{a}$로 표현된다([그림 3.1]).

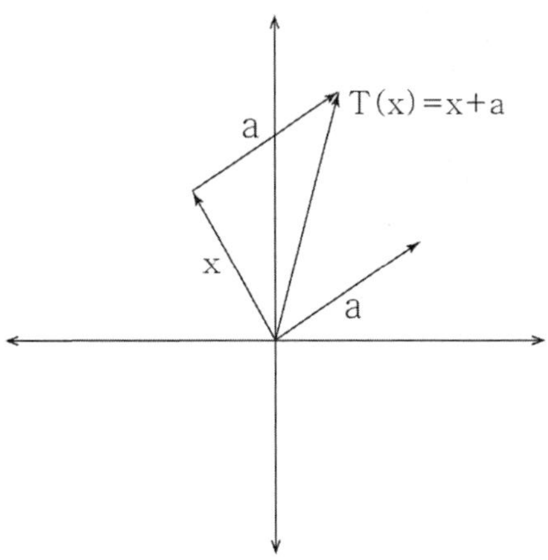

[그림 3.1]

따라서 평행이동은 벡터 $\mathbf{a}$에 의해 완벽하게 결정되고 평행이동들의 모임 $\mathrm{Trans}(\mathbb{R}^2)$은 군을 이룬다. 또한 $\mathrm{Trans}(\mathbb{R}^2)$는 2차원 벡터공간 $\mathbb{R}^2$와 동형이며 $\mathrm{Isom}(\mathbb{R}^2)$의 정규부분군임을 알 수 있다. 사실, 평행이동은 두 개의 대칭이동의 합성을 이용하여 표현할 수도 있다. 이에 대한 논의는 대칭이동을 소개한 후에 다시 언급할 예정이다.

(2) 회전이동

회전이동은 회전이동의 회전축 a와 회전각 α에 의해 완벽하게 결정되고 $R(\mathrm{a}, \alpha)$로 표시한다. 특히, 회전축이 원점이면 2×2-행렬을 이용하여

$$R(0, \alpha) = \begin{bmatrix} \cos\alpha & -\sin\alpha \\ \sin\alpha & \cos\alpha \end{bmatrix}$$

로 나타낼 수 있고 회전이동도 두 개의 대칭이동의 합성으로 표현할 수 있다. 또한 임의의 양의 방향성을 갖는 등장사상 $f \in \mathrm{Isom}(\mathbb{R}^2)$는

$$f \circ R(\mathrm{a}, \alpha) \circ f^{-1} = R(f(\mathrm{a}), \alpha)$$

를 만족하고, 비슷하게 임의의 음의 방향성을 갖는 등장사상 $f \in \mathrm{Isom}(\mathbb{R}^2)$는

$$f \circ R(\mathrm{a}, \alpha) \circ f^{-1} = R(f(\mathrm{a}), -\alpha)$$

를 만족한다. 회전축 a를 갖는 모든 회전이동들의 모임을 $SO(2)_\mathrm{a}$로 나타낼 때,

$$R(\mathrm{a}, \alpha) \mapsto T_{-\mathrm{a}} \circ R(\mathrm{a}, \alpha) \circ T_\mathrm{a}$$

을 이용하여 $SO(2)_\mathrm{a} \cong SO(2)_0$임도 보일 수 있다.

보조정리 3.1

함수 $\varphi : SO(2)_\mathrm{a} \to SO(2)_0$를

$$\varphi(R(\mathrm{a}, \alpha)) = T_{-\mathrm{a}} \circ R(\mathrm{a}, \alpha) \circ T_\mathrm{a}$$

라 정의할 때, φ는 군동형사상이다.

증명 먼저, $T_{-\mathrm{a}} \circ R(\mathrm{a}, \alpha) \circ T_\mathrm{a}(0) = 0$이고 $R(\mathrm{a}, \alpha)$가 a를 회전축으로 하는 회전이동이므로 $T_{-\mathrm{a}} \circ R(\mathrm{a}, \alpha) \circ T_\mathrm{a}$는 원점을 회전축으로 하는 회전이동이다.

(i) φ는 군준동형사상이다. 실제로, 다음 등식이 성립한다.

$$\begin{aligned}&\varphi(R(\mathrm{a},\alpha)\circ R(\mathrm{a},\beta))\\&=T_{-\mathrm{a}}\circ(R(\mathrm{a},\alpha)\circ R(\mathrm{a},\beta))\circ T_{\mathrm{a}}\\&=(T_{-\mathrm{a}}\circ R(\mathrm{a},\alpha)\circ T_{\mathrm{a}})\circ(T_{-\mathrm{a}}\circ R(\mathrm{a},\beta)\circ T_{\mathrm{a}})\\&=\varphi(R(\mathrm{a},\alpha))\varphi(R(\mathrm{a},\beta))\end{aligned}$$

(ii) φ는 단사함수이다. 만일 $\varphi(R(\mathrm{a},\alpha))=\varphi(R(\mathrm{a},\beta))$이면

$$T_{-\mathrm{a}}\circ R(\mathrm{a},\alpha)\circ T_{\mathrm{a}}=T_{-\mathrm{a}}\circ R(\mathrm{a},\beta)\circ T_{\mathrm{a}}$$

이므로 $R(\mathrm{a},\alpha)=R(\mathrm{a},\beta)$이다.

(iii) φ는 전사함수이다. 임의의 원소 $R(0,\alpha)\in SO(2)_0$에 대하여,

$$R(\mathrm{a},\alpha):=T_{\mathrm{a}}\circ R(0,\alpha)\circ T_{-\mathrm{a}}$$

라 놓으면,

$$\begin{aligned}\varphi(R(\mathrm{a},\alpha))&=T_{-\mathrm{a}}\circ(T_{\mathrm{a}}\circ R(0,\alpha)\circ T_{-\mathrm{a}})\circ T_{\mathrm{a}}\\&=R(0,\alpha)\end{aligned}$$

이므로 φ는 전사함수이다.

위의 (i), (ii), (iii)에 의해 φ는 군동형사상이다. ■

회전각 α가 무리수인 경우에는 $R(\mathrm{a},\alpha)$가 무한 위수의 함수이고 따라서 회전각이 무리수인 회전이동들의 모임은 특수직교군 $SO(2)$에서 조밀한(dense) 부분집합을 이룬다. 한편, 회전각 $\alpha=p/q$ (p,q는 서로소인 정수)로 유리수인 경우에는 $R(0,\alpha)$의 위수가 q이고 회전각이 유리수인 회전이동들의 모임은 특수직교군 $SO(2)$에서 이산(discrete) 부분집합을 이룬다.

(3) 대칭이동

2차원 유클리드 공간에서 대칭이동 R_l을 정의하기 위해서는 대칭축인 직선 l이 필요하다. 대칭이동의 정확한 정의는 제 2장에서 언급되었다. 대칭이동 R_l의 위수는 2이고 임의의 두 개의 직선 l, m에 대하여 직선 l를 직선 m으로 보내주는 등장사상은 항상 존재한다(제 3장의 연습문제 1번 참고).

또한, 임의의 등장사상 f는

$$f \circ R_l \circ f^{-1} = R_{f(l)}$$

을 만족한다. 따라서 위의 의미에서 임의의 두 대칭이동은 서로 **공핵**(conjugate)인 관계에 있다.

앞서 언급된 바와 같이, 평행이동 T_{a}는 벡터 a에 의해 생성된 직선에 수직이고, [그림 3.2]와 같이 원점에서 양쪽으로 $-\mathsf{a}/4$와 $\mathsf{a}/4$만큼 떨어져 있는 두 직선 l, m에 대하여

$$T_{\mathsf{a}} = R_m \circ R_l$$

을 만족한다.

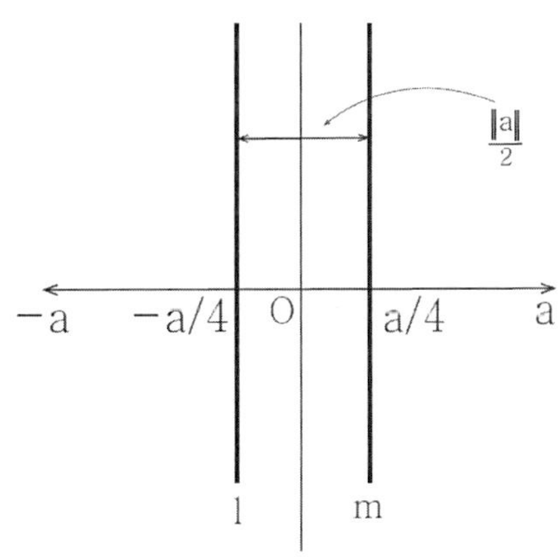

[그림 3.2]

또한, 회전이동 $R(\mathsf{a},\alpha)$, $\alpha \geq 0$는 벡터 a을 지나는 임의의 두 직선 l,m이 l에서 m으로 시계반대방향으로 $\alpha/2$의 각도를 이루고 있을 때.

$$R(\mathsf{a},\alpha) = R_m \circ R_l$$

을 만족한다([그림 3.3]). 비슷하게, 회전이동 $R(\mathsf{a},\alpha)$, $\alpha < 0$는 벡터 a을 지나는 임의의 두 직선 l,m이 l에서 m으로 시계방향으로 $\alpha/2$의 각도를 이루고 있을 때,

$$R(\mathsf{a},\alpha) = R_m \circ R_l$$

을 만족한다.

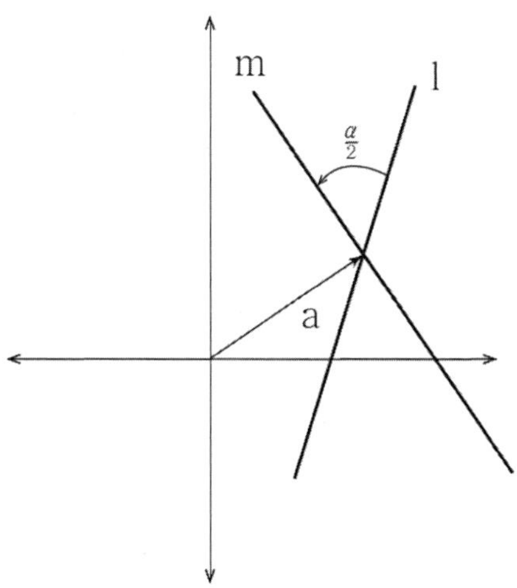

[그림 3.3]

(4) 글라이드대칭이동

2차원 등장사상의 마지막 종류로 글라이드대칭이동이 있다. 이것을 정의하기 위해서는 벡터 a와 a에 평행인 직선 l이 필요하다. 이때 글라이드 대칭이동 $G(l,\mathsf{a})$는

$$G(l,\mathsf{a}) = R_l \circ T_{\mathsf{a}}$$

로 정의되며

$$R_l \circ T_{\mathrm{a}} = T_{\mathrm{a}} \circ R_l, \quad (R_l \circ T_{\mathrm{a}})^2 = T_{2\mathrm{a}}$$

를 만족한다. 따라서 벡터 a가 영이 아닐 때, $G(l,a)$는 무한 위수를 갖는 함수가 된다([그림 3.4]).

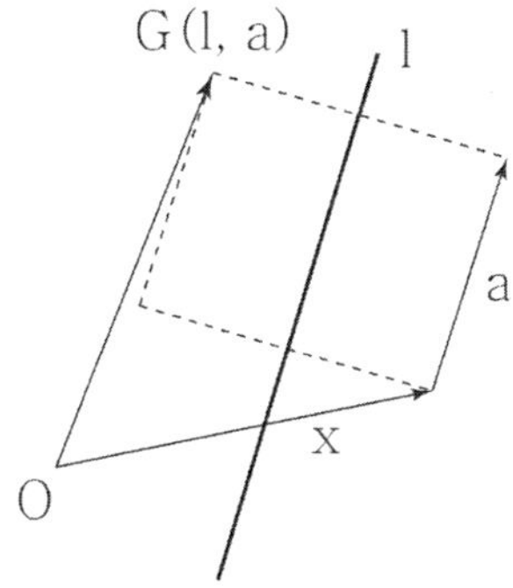

[그림 3.4]

위에서 언급된 네 가지의 등장사상이 2차원 유클리드 공간에 존재할 수 있는 모든 경우임이 알려져 있고 이 장의 나머지 부분에서는 이에 대한 증명을 한다.

정리 3.2

2차원 유클리드 공간의 임의의 등장사상은 항등사상, 평행이동, 회전이동, 대칭이동, 그리고 글라이드대칭이동 중의 하나이다.

증명 $f : \mathbb{R}^2 \to \mathbb{R}^2$를 임의의 등장사상이라 할 때, 다음과 같은 두 가지 경우를 고려하자.

(1) f가 고정점 a을 갖는 경우:

이 경우에는 $SO(2)_{\mathrm{a}}$는 $SO(2)_0$와 동형이므로 일반성을 잃지 않고, 고정점이 a$=0$이라고 가정해도 된다. 따라서 **[정리 2.6]**에 의해 $f \in O(2)$이고

$$f=\begin{bmatrix}\cos\alpha & -\sin\alpha \\ \sin\alpha & \cos\alpha\end{bmatrix},\ \text{또는}\ \begin{bmatrix}\cos\alpha & \sin\alpha \\ \sin\alpha & -\cos\alpha\end{bmatrix}$$

의 형태이다. 이때 첫 번째 경우는 원점에 관한 회전이동이고, 두 번째 경우는 x-축과 $\alpha/2$ 각도를 이루는 원점을 지나는 직선 l에 관한 대칭이동 R_l을 나타낸다.

(2) f가 고정점을 갖지 않는 경우:
이 경우에는 임의의 고정된 벡터 a를 택하고 $\mathsf{b}:=f(\mathsf{a})$라 할 때, $\mathsf{b}\neq\mathsf{a}$인 벡터 b가 존재한다. 이때 직선 l를 선분 $\overline{\mathsf{ab}}$의 수직이등분선이라 하면 가정에 의해

$$R_l\circ f(\mathsf{a})=\mathsf{a}$$

를 만족한다. 그러면 등장사상 $R_l\circ f$는 고정점 a를 가진다. 따라서 위의 경우 (1)에 의해 $R_l\circ f$는 a를 회전축으로 가지는 회전이동 $R(\mathsf{a},\alpha)$이거나 또는 a를 통과하는 직선 m에 관한 대칭이동 R_m이 된다.

(i) $R_l\circ f=R_m$인 경우에는 $f=R_l\circ R_m$이고 두 직선 l,m은 서로 만나지 않고 평행하다. 따라서 f는 평행이동이 된다.

(ii) $R_l\circ f=R(\mathsf{a},\alpha)$인 경우에는 먼저 직선 l과 평행하고 a를 통과하는 새로운 직선 m을 택하고, m과 $\alpha/2$의 각도를 이루는 a를 통과하는 직선 n를 택하여

$$R(\mathsf{a},\alpha)=R_m\circ R_n$$

의 형태로 나타낸다. 그러면 $f=R_l\circ R_m\circ R_n$이 되고 두 직선 l,m은 서로 평행하므로 $R_l\circ R_m$을 $l\perp\mathsf{b}$이고 $2d(l,m)=\|\mathsf{b}\|$를 만족하는 벡터 b에 관한 평행이동 T_{b}를 이용하여 $T_{\mathsf{b}}=R_l\circ R_m$으로 표현할 수 있

다. 따라서

$$f = T_{\mathrm{b}} \circ R_n$$

으로 표현되고 b와 n의 위치관계에 따라 f가 대칭이동이거나 또는 글라이드대칭이동이 된다. 하지만 이 경우에는 f가 고정점을 가지고 있지 않으므로 f가 글라이드대칭이동을 나타낸다. 실제로, 다음과 같은 **[보조정리 3.3]**이 성립한다. ■

보조정리 3.3

다음이 성립한다.

(1) 직선 n이 a와 수직이 아닐 때, $T_{\mathrm{a}} \circ R_n$은 글라이드대칭이동이다.

(2) 직선 n이 a와 수직이면 $T_{\mathrm{a}} \circ R_n$은 대칭이동이다.

증명 (1)을 증명하기 위해, 직선 n이 a와 수직이 아니라고 가정하자. 이때 직선 n에서 한 점 p를 택하고 $\mathrm{q} := \mathrm{p} + \mathrm{a}/2$라 하자. 그런 다음, 벡터 $\mathrm{p} + \mathrm{a}$의 직선 n으로의 수선의 발(foot)을 r이라 하자. 그리고 직선 s를 q을 통과하면서 직선 n에 평행하게 택하자([그림 3.5]). 이때 아핀독립인 3개의 점 p, q, r을 이용하여 $T_{\mathrm{a}} \circ R_n = R_s \circ T_{\mathrm{r}-\mathrm{p}}$임을 보일 수 있다.

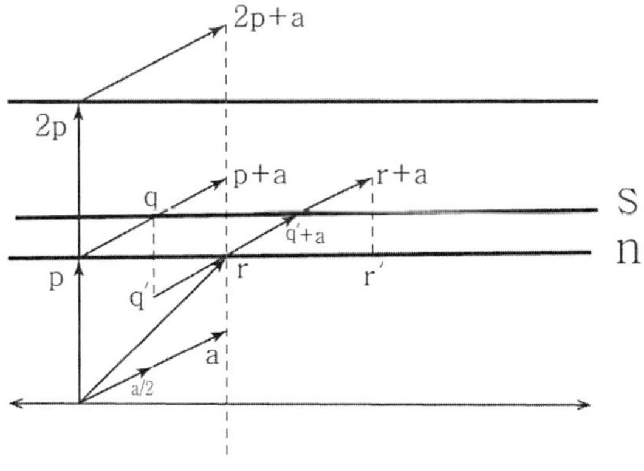

[그림 3.5]

실제로,

$$T_{\mathrm{a}} \circ R_n(\mathrm{p}) = \mathrm{p} + \mathrm{a} = R_s(\mathrm{r}) = R_s \circ T_{\mathrm{r-p}}(\mathrm{p}),$$

$$T_{\mathrm{a}} \circ R_n(\mathrm{q}) = \mathrm{q}' + \mathrm{a} = R_s(\mathrm{q}' + \mathrm{a}) = R_s \circ T_{\mathrm{r-p}}(\mathrm{q}),$$

$$T_{\mathrm{a}} \circ R_n(\mathrm{r}) = \mathrm{r} + \mathrm{a} = R_s(\mathrm{r}') = R_s \circ T_{\mathrm{r-p}}(\mathrm{r})$$

이다. $\mathrm{r} - \mathrm{p}$는 항상 s에 평행이므로 $T_{\mathrm{a}} \circ R_n = R_s \circ T_{\mathrm{r-p}}$는 사실 글라이드 대칭이동이 된다.

(2) 이 경우에는 a와 n이 서로 수직하므로 a를 n에서 출발하는 벡터로 볼 수 있다. 이때 $\frac{\mathrm{a}}{2}$를 통과하면서 n에 평행인 직선을 m이라 하면, R_m은 $T_{\mathrm{a}} \circ R_n$과 같음을 아핀독립인 세 점을 n에서 두 점과 m에서 한 점 택하여 쉽게 보일 수 있다([그림 3.6]). ■

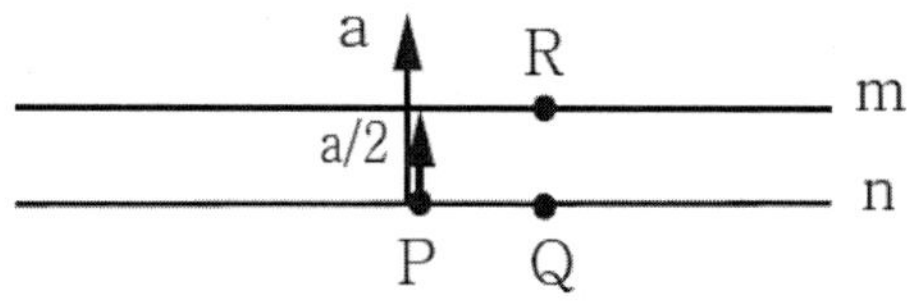

[그림 3.6]

3장 연습문제

1. 임의의 두 직선 l, m에 대하여 다음을 만족하는 등장사상 $f \in \mathrm{Isom}(\mathbb{R}^2)$가 존재함을 보여라.

$$f \circ R_l \circ f^{-1} = R_m$$

2. φ를 $\mathrm{Isom}(\mathbb{R}^2)$에서 $\mathbb{Z}_2 = \{-1, 1\}$으로 가는 사상으로

$$\varphi(f) = \det(A_f), \ f \in \mathrm{Isom}(\mathbb{R}^2)$$

와 같이 정의할 때, 임의의 두 대칭이동 R_1과 R_2는

$$\varphi(R_1) = \varphi(R_2)$$

를 만족함을 보여라. 단, A_f는 등장사상 f을 $f(x) = A_f x + x_0$로 나타낼 때, f에 대응하는 2×2-행렬을 의미한다.

3. f와 g가 양의 방향성을 갖는 두 2차원 유클리드 공간의 등장사상이라 할 때,

$$[f, g] := f \circ g \circ f^{-1} \circ g^{-1}$$

이 평행이동임을 보여라.

4. 2차원 유클리드 공간의 임의의 평행이동 T는 적당한 두 개의 등장사상 f, g를 이용하여

$$T = [f, g]$$

로 주어짐을 보여라.

5. 2차원 유클리드 평면에서 a를 회전축으로 π만큼 회전하는 회전이동 $R(\mathrm{a}, \pi)$를 H_{a}로 나타내고 **반회전**(half-turn)이라 부른다. 이때 다음 물음에 답하라.

(1) 임의의 두 점 $\mathrm{a}, \mathrm{b} \in \mathbb{R}^2$에 대하여, $H_{\mathrm{b}} \circ H_{\mathrm{a}}$가 평행이동임을 보여라.

(2) 임의의 평행이동 T_{a}를 적당한 두 점 $\mathrm{b}, \mathrm{c} \in \mathbb{R}^2$와 $H_{\mathrm{b}}, H_{\mathrm{c}}$를 이용하여

$$T_{\mathrm{a}} = H_{\mathrm{b}} \circ H_{\mathrm{c}}$$

로 나타낼 수 있음을 보여라.

(3) 임의의 글라이드 대칭이동 $G(l, \mathrm{a})$를 대칭이동과 반회전의 합성으로 나타낼 수 있음을 보여라.

6. 2차원 유클리드 평면의 서로 다른 두 점 a, b에 대하여 다음 등식을 만족하는 점 c가 존재하는지 판별하라.

$$R(\mathrm{a}, \alpha) \circ R(\mathrm{b}, \beta) = R(\mathrm{c}, \gamma)$$

7. 2차원 유클리드 평면의 두 점 a, b와 두 직선 l, m에 대하여, 다음 물음에 답하라.

(1) $T_{\mathrm{a}} = f \circ T_{\mathrm{b}} \circ f^{-1}$를 만족하는 등장사상 $f \in \mathrm{Isom}(\mathbb{R}^2)$가 존재할 필요충분조건이

$$\|\mathrm{a}\| = \|\mathrm{b}\|$$

임을 보여라.

(2) $R_l \circ T_{\mathrm{a}} = f \circ (R_m \circ T_{\mathrm{b}}) \circ f^{-1}$를 만족하는 등장사상 $f \in \mathrm{Isom}(\mathbb{R}^2)$가 존재할 때,

$$\|\mathrm{a}\| = \|\mathrm{b}\|$$

임을 보여라.

8. 2차원 유클리드 평면 $\mathbb{R}^2$의 세 직선 l, m, n에 대하여, $R_l \circ R_m \circ R_n$이 대칭이동일 필요충분조건이 m과 n이 서로 평행이 아니거나 또는 l, m, n이 모두 서로 평행임을 보여라.

9. $R(\mathsf{a}, \alpha)$와 $R(\mathsf{b}, \beta)$가 2차원 유클리드 평면 $\mathbb{R}^2$상에서 정의된 회전이동을 나타낼 때, 두 회전이동의 합성

$$f = R(\mathsf{a}, \alpha) \circ R(\mathsf{b}, \beta)$$

에 대하여 다음 물음에 답하라.

(1) $\mathsf{a} = \mathsf{b}$일 때, $f = R(\mathsf{a}, \alpha + \beta)$임을 보여라.

(2) $\mathsf{a} \neq \mathsf{b}$일 때, a를 통과하는 직선 l과 b를 통과하는 직선 l'을 이용하여 f가 평행이동이 될 필요충분조건을 찾아라.

(3) $\mathsf{a} \neq \mathsf{b}$이고 f가 평행이동이 아닐 때, $0 < \alpha < \beta < 2\pi$이고 m을 a와 b를 통과하는 직선이라 하자. 이때 f가 회전이동인지 판별하라. 만약 f가 회전이동이라면

$$f = R(\mathsf{c}, \gamma)$$

를 만족하는 $\mathsf{c} \in \mathbb{R}^2$의 위치를 구체적으로 찾고, γ를 α와 β로 나타내라.

10. 2차원 유클리드 공간 $\mathbb{R}^2$상에 놓여있는 임의의 세 직선 l, m, n에 대하여,

$$(R_l \circ R_m \circ R_n)^2$$

이 평행이동임을 보여라.

11. 임의의 등장사상 $f : \mathbb{R}^n \to \mathbb{R}^n$을

$$f(\mathbf{x}) = A\mathbf{x} + \mathbf{x}_0, \;\; A \in O(n), \;\; \mathbf{x}_0 \in \mathbb{R}^n$$

으로 나타낼 때, 다음과 같이 정의된 함수 φ에 대하여 다음 물음에 답하라.

$$\varphi : \mathrm{Isom}(\mathbb{R}^n) \to O(n),\ f \mapsto A$$

(1) φ가 군준동형사상임을 보여라.

(2) $\mathrm{Isom}(\mathbb{R}^n)/\mathrm{Trans}(\mathbb{R}^n)$가 $O(n)$과 서로 군동형임을 보여라. 단, 여기서

$$\mathrm{Trans}(\mathbb{R}^n) = \{f \in \mathrm{Isom}(\mathbb{R}^n) \mid f(\mathbf{x}) = \mathbf{x} + \mathbf{a},\ \mathbf{a} \in \mathbb{R}^n\}$$

(3) $\mathrm{Trans}(\mathbb{R}^n)$이 $\mathrm{Isom}(\mathbb{R}^n)$의 정규부분군임을 보여라.

Introduction to Geometry

제4장

$\mathbb{R}^3$의 등장사상의 분류

3차원 유클리드 공간 $\mathbb{R}^3$상에서 정의된 등장사상의 분류는 앞에서 보았던 2차원 유클리드 공간 $\mathbb{R}^2$상에서 정의된 등장사상의 분류보다 조금 더 복잡하다. 다시 말해서, $\mathbb{R}^3$상에서 정의된 등장사상에는 평행이동, 회전이동, 꼬임이동(screw motion), 대칭이동, 글라이드대칭이동, 회전대칭이동(rotatory reflection)이 있다. 평행이동과 대칭이동은 2차원의 경우와 같기 때문에 나머지 다른 등장사상에 대해서만 자세히 설명하면 다음과 같다.

(1) 회전이동

먼저 회전이동 $R(l, \alpha)$를 정의하기 위해서는 방향성을 가진 회전축인 직선 l과 회전각 α가 필요하다. 예를 들어, 만약 회전축 l이 z-축이라면 회전각 α를 갖는 회전이동은 구체적으로 행렬을 이용하여

$$R(l, \alpha) = \begin{bmatrix} \cos\alpha & -\sin\alpha & 0 \\ \sin\alpha & \cos\alpha & 0 \\ 0 & 0 & 1 \end{bmatrix}$$

로 나타낼 수 있다.

(2) 꼬임이동(screw motion)

꼬임이동은 평행이동과 회전이동의 합성으로 정의된다. 예를 들어, 임의의 영이 아닌 벡터 a에 대하여 회전축 l을 a에 의해 생성된 원점을 지나는 직선으로 택할 때, 회전각이 α라면 꼬임이동은

$$S(l, \mathsf{a}, \alpha) = T_{\mathsf{a}} \circ R(l, \alpha) = R(l, \alpha) \circ T_{\mathsf{a}}$$

로 주어진다. 좀 더 일반적으로, 영이 아닌 벡터 a가 직선 l에 수직이 아닌 경우에도 등장사상

$$T_{\mathrm{a}} \circ R(l, \alpha)$$

가 다른 종류의 등장사상이 아닌 순수한 꼬임이동이 됨을 보일 수 있다.

(3) 3차원 글라이드대칭이동

3차원 유클리드 공간 $\mathbb{R}^3$상에서 글라이드대칭이동을 정의하기 위해서는 벡터 a와 a에 평행인 초평면 H가 필요하다. 이때 글라이드대칭이동은 다음 등식으로 정의된다.

$$G(H, \mathrm{a}) = T_{\mathrm{a}} \circ R_H = R_H \circ T_{\mathrm{a}}$$

앞에서 정의된 꼬임이동과 비슷하게, a와 H가 수직이 아닌 경우에도 $R_H \circ T_{\mathrm{a}}$가 다른 종류의 등장사상이 아닌 그냥 글라이드 대칭이동이 된다.

(4) 회전대칭이동(rotatory reflection)

회전대칭이동은 직선 l과 l에 수직인 초평면 H, 그리고 회전각 α를 이용하여 다음 등식으로 정의된다.

$$R_H \circ R(l,\alpha) = R(l,\alpha) \circ R_H$$

특히 회전각 α가 π인 경우에는 직선 l이 초평면 H와 만나는 벡터를 a라 할 때,

$$I_{\mathrm{a}} = R_H \circ R(l, \pi)$$

를 **역전이동** 또는 **반전이동**(inversion)이라 부른다. 이 경우에 만약 $\mathrm{a} = 0$이면

$$I_0(x,y,z) = -(x,y,z), \quad (x,y,z) \in \mathbb{R}^3$$

가 되고 일반적으로 세 개의 서로 수직인 초평면 H_1, H_2, H_3를 이용하여

$$I_{\mathrm{a}} = R_{H_1} \circ R_{H_2} \circ R_{H_3}$$

로 나타낼 수 있다.

(5) 회전역전이동 또는 회전반전이동(rotatory inversion)

마지막으로 회전역전이동을 생각할 수 있다. 이 이동은 직선 l에 관한 회전이동 $R(l,\alpha)$와 l상에 있는 벡터 a에 관한 역전이동 I_{a}의 합성으로 주어진다. 하지만 회전역전이동

$$R(l,\alpha) \circ I_{\mathrm{a}} = I_{\mathrm{a}} \circ R(l,\alpha)$$

는 항상 회전대칭이동으로 표현할 수 있다. 이에 대한 더 자세한 내용은 제4장 연습문제 1, 2, 3번을 참고하기 바란다.

결론적으로, 3차원 유클리드 공간 $\mathbb{R}^3$상의 모든 등장사상은 위의 여섯 가지 이동인 평행이동, 회전이동, 꼬임이동, 대칭이동, 글라이드대칭이동, 회전대칭이동으로 다음과 같이 분류할 수 있다.

정리 4.1

3차원 유클리드 공간 $\mathbb{R}^3$상의 등장사상은 평행이동, 회전이동, 꼬임이동, 대칭이동, 글라이드대칭이동, 그리고 회전대칭이동 중의 하나이다.

증명 제2장 연습문제 7번을 이용하여 3차원 유클리드 공간 $\mathbb{R}^3$의 등장사상 f가 항등사상이 아니라면 f를 다음과 같이 많아야 4개의 대칭이동의 합성으로 나타낼 수 있다:

$$f = R_{H_1} \circ R_{H_2} \circ \cdots \circ R_{H_r},\ \ 1 \leq r \leq 4$$

따라서 합성에 필요한 대칭이동의 개수 r에 따라 증명을 다음과 같이 나누어 생각할 수 있다.

(1) $r = 1$인 경우:
등장사상 f는 대칭이동이 된다.

(2) $r = 2$인 경우:
이 경우에는 두 개의 초평면 H_1, H_2가 서로 평행하거나 또는 직선 l를 따라 만나게 된다. 서로 평행한 경우에는 f가 평행이동이 된다. 반면, 두 초평면이 직선 l을 따라 만나는 경우에는 2차원의 경우와 마찬가지로 직선 l을 회전축으로 가지는 회전이동이 된다.

(3) $r = 3$인 경우 즉, $f = R_{H_1} \circ R_{H_2} \circ R_{H_3}$인 경우:
이 경우에도 위의 (2)와 같이, 두 초평면 H_2, H_3가 서로 평행한 경우와 직선 l을 따라 만나는 경우로 나누어 생각할 수 있다. 특히 두 초평면 H_2, H_3가 평행한 경우에는

$$f = R_{H_1} \circ T_{\mathsf{a}}$$

이다. 여기서 a는 H_3에서 H_2 방향으로 출발하는 벡터로 H_3과 H_2 사이의 거리는 $\|\mathsf{a}\|/2$이다. 그리고 가정에 의해 $r = 3$이므로 $\mathsf{a} \neq 0$이고 a는 H_1에 수직하지는 않는다. 따라서 f는 글라이드대칭이동이다. 한편 두 평면 H_2, H_3가 서로 직선 l을 따라 만나는 경우에는

$$f = R_{H_1} \circ R(l, \alpha)$$

로 표현된다. 이때 다음 두 가지 경우로 나누어 증명을 완료한다.

(i) l이 H_1에 평행하다고 가정하자. 그러면 H_1에 평행한 새로운 초평면 H_2'를 택한 후, H_2'과 $\alpha/2$ 각을 이루는 새로운 초평면 H_3'를 이용하여 $R(l, \alpha)$를 다음과 같이 나타낼 수 있다.

$$R(l, \alpha) = R_{H_2'} \circ R_{H_3'}$$

따라서 다음 등식이 성립한다.

$$f = R_{H_1} \circ R(l, \alpha) = R_{H_1} \circ R_{H_2'} \circ R_{H_3'} = T_{\mathbf{a}} \circ R_{H_3'}$$

단, 여기서 $\mathbf{a}$는 H_2'에서 H_1 방향으로 출발하는 벡터로 H_2'과 H_1 사이의 거리는 $\|\mathbf{a}\|/2$이다. 위의 논의에 의해 $f = T_{\mathbf{a}} \circ R_{H_3'}$이므로 f가 글라이드대칭이동이다.

(ii) l이 초평면 H_1과 만나지만 포함되지 않는다고 가정하자. 이 경우에 직선 l과 초평면 H_1이 반드시 서로 수직으로 만날 필요는 없다. 하지만 이 경우에도 **[보조정리 4.2]**에 의해 직선과 초평면이 수직으로 만나는 경우와 같이 f가 회전대칭이동이 된다.

위의 (i)과 (ii)에 의해, $r = 3$인 경우에는 f가 항상 글라이드대칭이동이거나 회전대칭이동이다.

보조정리 4.2

직선 l과 초평면 H가 서로 만나지만 l이 H에 포함되지 않는다고 가정할 때, $R_H \circ R(l,\alpha)$는 항상 회전대칭이동이다.

증명 증명을 위해, 먼저 $R_H \circ R(l,\alpha)$를 $l = H_1 \cap H_2$인 초평면 H_1과 H_2를 이용하여

$$R_H \circ R(l,\alpha) = R_H \circ R_{H_1} \circ R_{H_2}$$

로 나타내고 $\{\mathsf{a}\} = H \cap H_1 \cap H_2$라 하자. 여기서 H_1과 H_2 사이의 각은 $\alpha/2$이고 H와 H_1은 서로 수직으로 만난다고 가정해도 된다. 그런 다음 $\{\mathsf{a}\} = H \cap H_1 \cap H_3$를 만족하는 서로 수직인 초평면 H, H_1, H_3를 이용하여 역전사상 I_{a}를 다음과 같이 정의하자.

$$I_{\mathsf{a}} = R_H \circ R_{H_1} \circ R_{H_3}$$

그러면 다음 등식이 성립한다.

$$\begin{aligned} & R_H \circ R(l,\alpha) \\ &= R_H \circ R_{H_1} \circ R_{H_3} \circ R_{H_3} \circ R_{H_2} \\ &= I_a \circ (R_{H_3} \circ R_{H_2}) \end{aligned}$$

한편 H_3와 H_2 사이의 각을 $\beta/2$라 할 때, $R_{H_3} \circ R_{H_2}$는 a를 통과하는 직선 m을 회전축으로 갖는 회전이동 $R(m,\beta)$이다. 따라서 $R_H \circ R(l,\alpha)$는 역전이동 I_{a}와 a를 통과하는 직선 m을 회전축으로 갖는 회전이동 $R(m,\beta)$의 합성 $I_a \circ R(m,\beta)$로 주어진다. 즉 $R_H \circ R(l,\alpha)$는 회전대칭이동이다. ■

(4) $r = 4$인 경우: 이 경우의 증명을 위해, 등장사상 f가 고정점을 갖는 경우와 갖지 않는 경우로 나누어 생각한다.

(i) f가 고정점을 갖는 경우에는 f를 많아야 세 개의 대칭이동의 합성으로 나타낼 수 있다 (제2장 연습문제 7번 참조). 또한 f가 방향성을 보존하므로 f가 회전대칭이동은 아니다. 따라서 이 경우에는 위의 (1)-(3)에 의해 f가 평행이동이거나 또는 회전이동이 된다.

(ii) f가 고정점을 갖지 않는 경우에는 $g := T_{-f(0)} \circ f$라 하면,

$$g(0) = T_{-f(0)}(f(0)) = 0$$

이므로 새로운 등장사상 g가 고정점을 갖는다. 따라서 위의 경우 (i)에 의해 g는 평행이동이거나 또는 회전이동 $R(l, \alpha)$이 된다. 즉, f는 두 개의 평행이동의 합성으로 주어지거나 또는 회전이동과 평행이동의 합성으로 주어진다. 첫 번째 경우에는 자명하게 f가 평행이동을 나타내고, 두 번째 경우에는 **[보조정리 4.3]**에 의해 $f(0)$와 l이 서로 수직이 아니면 꼬임이동을 나타내고 서로 수직이면 회전이동을 나타낸다. 하지만 이 경우에는 f가 고정점을 갖지 않으므로 회전이동은 될 수 없고, 평행이동이거나 또는 꼬임이동이 된다. ■

좀 더 정확하게 말하면, 다음과 같은 보조정리가 성립한다.

보조정리 4.3

(1) 직선 l과 벡터 $\mathbf{a}$가 서로 수직이면 $T_{\mathbf{a}} \circ R(l, \alpha)$는 l에 평행인 직선 m를 회전축으로 갖는 회전이동 $R(m, \alpha)$이다.

(2) 직선 l과 벡터 $\mathbf{a}$가 서로 수직이 아니면 $T_a \circ R(l, \alpha)$는 꼬임이동이다.

증명 (1) 먼저 $H_1 \cap H_2 = l$, $a \perp H_1$을 만족하고 서로 각도가 $\alpha/2$인 두 개의 초평면 H_1, H_2를 택하여, $R(l, \alpha) = R_{H_1} \circ R_{H_2}$로 나타내자. 그러면 다음 등식이 성립한다.

$$T_{\mathrm{a}} \circ R(l, \alpha) = T_{\mathrm{a}} \circ R_{H_1} \circ R_{H_2}$$

이때 H_1에 평행하고 H_1으로부터 a 방향으로 $\|\mathrm{a}\|/2$만큼 떨어진 곳에 있는 새로운 초평면 H'을 이용하여 $T_{\mathrm{a}} \circ R_{H_1} = R_{H'}$으로 나타낼 수 있다. 따라서 다음 등식이 성립한다.

$$T_{\mathrm{a}} \circ R(l,\alpha) = R_{H'} \circ R_{H_2}$$

이때 H'과 H_2는 서로 각도가 $\alpha/2$를 이루고 직선 l과 평형인 직선 m을 따라 만난다. 즉, $R_{H'} \circ R_{H_2} = R(m,\alpha)$이다([그림 4.1]).

(2) 먼저 a_1이 l과 평행하고 a_1과 a_2가 서로 수직인 두 벡터 a_1과 a_2를 이용하여 $\mathrm{a} = \mathrm{a}_1 + \mathrm{a}_2$로 분해하면

$$T_{\mathrm{a}} \circ R(l, \alpha) = T_{\mathrm{a}_1} \circ T_{\mathrm{a}_2} \circ R(l, \alpha)$$

이다. 한편 (1)에 의해 $T_{\mathrm{a}_2} \circ R(l, \alpha)$는 l에 평행인 직선을 회전축으로 갖는 회전이동이므로 $T_{\mathrm{a}} \circ R(l,\alpha)$는 꼬임이동이 된다. ■

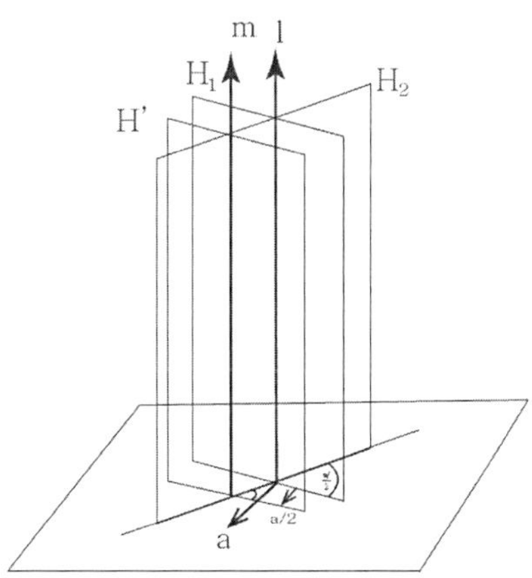

[그림 4.1]

4장 연습문제

1. 각도 $\frac{\alpha}{2}$를 이루는 두 개의 초평면 H_1, H_2를 이용하여 회전이동 $R(l,\alpha)$를

$$R(l,\alpha) = R_{H_1} \circ R_{H_2}$$

로 나타낼 수 있음을 보여라.

2. 역전이동 또는 반전이동 I_{a}를 세 개의 서로 수직인 초평면 H_1, H_2, H_3를 이용하여

$$I_{\mathrm{a}} = R_{H_1} \circ R_{H_2} \circ R_{H_3}$$

로 나타낼 수 있음을 보여라.

3. 위의 **문제 1**과 **문제 2**를 이용하여, $R(l,\alpha) \circ I_{\mathrm{a}}$는 항상 회전대칭이동이고 그 역도 성립함을 보여라.

4. $\Delta(\mathrm{abc})$가 꼭짓점 a, b, c와 꼭지각 $\alpha, \beta, \gamma > 0$를 갖는 2차원 유클리드 평면 $\mathbb{R}^2$상에 있는 삼각형이고 그 경계가 시계반대방향의 방향성을 갖고 있을 때, 다음 회전이동들의 합성함수

$$R(\mathrm{a}, 2\alpha) \circ R(\mathrm{b}, 2\beta) \circ R(\mathrm{c}, 2\gamma)$$

가 항상 항등함수임을 보여라.

5. H는 3차원 유클리드 공간 $\mathbb{R}^3$의 초평면이고 영이 아닌 벡터 a가 H에 수직이 아닐 때,

$$R_H \circ T_{\mathrm{a}}$$

가 글라이드대칭이동임을 보여라.

6. 영이 아닌 실수 α와 $\mathbb{R}^2$의 영이 아닌 벡터 a에 대하여,

$$T_{\mathrm{a}} \circ R(0, \alpha)$$

를 적당한 회전이동 $R(\mathrm{b}, \beta)$를 이용하여 표현할 수 있는지 판별하라.

7. 3차원 유클리드 공간 $\mathbb{R}^3$상에 있는 직선 l과 영이 아닌 벡터 $\mathrm{a} \in \mathbb{R}^3$가 서로 수직일 때, 다음과 같이 주어진 등장사상

$$T_{\mathrm{a}} \circ R(l, \alpha),\ 0 < \alpha < 2\pi$$

가 적당한 직선 m에 관한 회전이동 $R(m, \alpha)$로 표현될 수 있는지 판별하라.

8. 3차원 유클리드 공간 $\mathbb{R}^3$상에서 다음과 같이 정의된 등장사상

$$f = R_{H_1} \circ R_{H_2} \circ R_{H_3} \circ R_{H_4}$$

가 회전대칭이동이 될 수 있는지 판별하라. 단, 여기서 $H_i, 1 \le i \le 4$는 모두 서로 다른 초평면을 나타내고, 각각의 $1 \le i \le 4$에 대하여 R_{H_i}는 H_i에 관한 대칭이동을 나타낸다.

Introduction to Geometry

제5장

대칭군과 유한군의 분류

$X \subset \mathbb{R}^n$을 $n+1$개의 아핀독립인 $\mathbb{R}^n$의 벡터들의 모임 $\{a_0, a_1, \dots, a_n\}$을 포함하는 집합이라 할 때,

$$S(X) = \{ f : \mathbb{R}^n \to \mathbb{R}^n \mid f(X) = X\text{를 만족하는 등장사상} \}$$

이라 하자. 이때 $S(X)$를 X의 **대칭군**(isometry group)이라 한다. 예를 들어,

$$X = \{(x,0) \mid x \in \mathbb{R}\} \bigcup \{(0,y) \in \mathbb{R}^2 \mid -1 \leq y \leq 1\}$$

이라 할 때,

$$S(X) \cong \mathbb{Z}_2 \times \mathbb{Z}_2 \cong \langle R_x \rangle \times \langle R_y \rangle$$

이다([그림 5.1]). 여기서 R_x와 R_y는 각각 x-축과 y-축에 관한 대칭이동을 나타낸다.

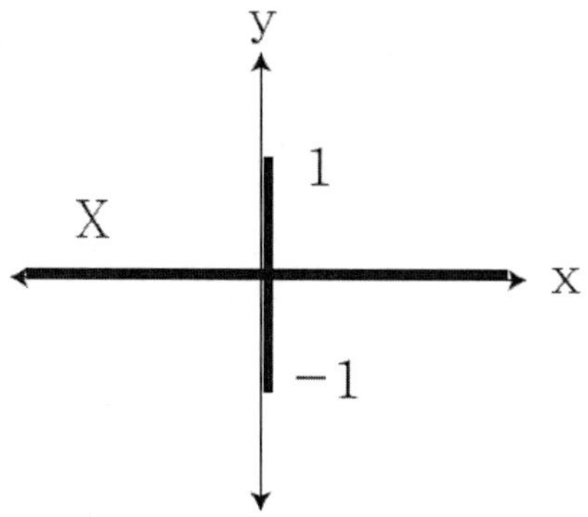

[그림 5.1]

또한 P_n이 중심이 원점인 정 n-각형을 나타낼 때, 위수가 $2n$인 **정이면체군**(dihedral group) D_n을 이용하여

$$S(P_n) \cong D_n$$

임을 알 수 있다([그림 5.2]). 좀 더 구체적으로, 만약 $f \in S(P_n)$이 원점을 고정하다

면 f는 직교군 $O(2)$의 원소로 회전이동

$$\sigma := R\left(0, \frac{2\pi}{n}\right)$$

와 같다. 따라서 τ가 원점과 P_n의 한 꼭짓점을 지나는 직선 l에 관한 대칭이동 R_l을 나낼 때,

$$S(P_n) = \{\sigma, \tau \mid \sigma^n = Id,\ \tau^2 = Id,\ \tau\sigma\tau^{-1} = \sigma^{-1}\}$$

가 된다.

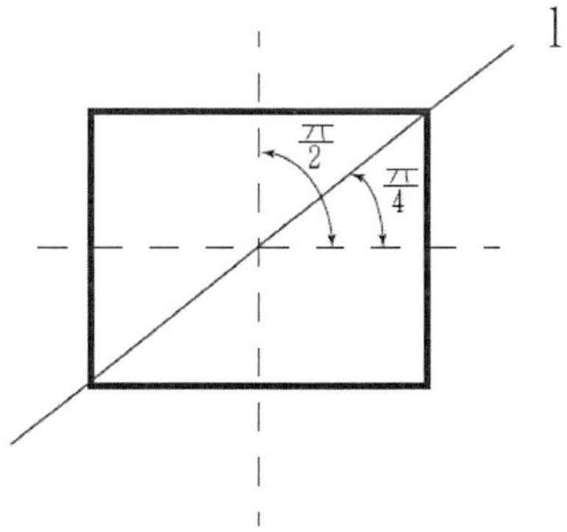

[그림 5.2]

정리 5.1

2차원 유클리드 공간 $\mathbb{R}^2$의 등장사상의 모임인 $\mathrm{Isom}(\mathbb{R}^2)$의 유한 부분군은 순환군(cyclic group)이거나 정이면체군(dihedral group) 뿐이다.

증명 G가 $\mathrm{Isom}(\mathbb{R}^2)$의 위수가 n인 부분군일 때, 임의의 벡터 $\mathrm{a} \in \mathbb{R}^2$에 대하여 a의 궤도(orbit) $\mathrm{Orb}(a)$를

$$\mathrm{Orb}(\mathrm{a}) = \{g \cdot \mathrm{a} \mid g \in G\}$$

라 하자. 이때

$$\mathrm{c} = \frac{1}{n}\sum_{g \in G} g \cdot \mathrm{a}$$

라 하면 임의의 원소 $h \in G$에 대하여 다음 등식이 성립한다.

$$h(\mathrm{c}) = h \cdot \mathrm{c} = \frac{1}{n}\sum_{g \in G} h \cdot (g \cdot \mathrm{a}) = \frac{1}{n}\sum_{h \cdot g \in G} (h \cdot g) \cdot \mathrm{a} = \frac{1}{n}\sum_{g \in G} g \cdot \mathrm{a} = \mathrm{c}$$

즉, $h(\mathrm{c}) = \mathrm{c}$이 성립한다. 여기서 두 번째 등식을 얻기 위해 h가 등장사상이라는 사실을 이용했다. 실제로 h가 등장사상이므로 항상 아핀사상이다. 따라서

$$\sum_{g \in G,\ |G| = n} \frac{1}{n} = 1$$

이므로 다음 등식이 성립한다.

$$h\left(\sum_{g \in G} \frac{1}{n}(g \cdot \mathrm{a})\right) = \sum_{g \in G} \frac{1}{n} h(g \cdot \mathrm{a}) = \frac{1}{n}\sum_{g \in G} h \cdot (g \cdot \mathrm{a})$$

이때

$$G_d := G \bigcap SO(2)_{\mathrm{c}}$$

라 하면 G_d는 유한개의 회전이동으로 이루어져 있다. G_d의 원소 중에서 최소의 회전각을 갖는 원소를 σ라 하면, $G_d = \langle \sigma \rangle$이 된다. 한편 $G_d \neq G$일 때, $[O(2) : SO(2)] = 2$이므로 $[G : G_d] = 2$이다. 따라서 G의 원소로 대칭이동 R_l이 존재하고 $R_l \circ \sigma \circ R_l = \sigma^{-1}$가 성립하므로

$$G = \langle \sigma, R_l \rangle = D_{n/2}$$

이다. ■

이제, 3차원 유클리드 공간 $\mathbb{R}^3$상의 등장사상들의 모임인 $\mathrm{Isom}(\mathbb{R}^3)$의 유한 부분군을 분류하는 문제를 고려해 보자. 이를 위해서는 먼저 플라토닉 입체에 관한 지식이 필요하다. $X \subset \mathbb{R}^3$와 임의의 두 점 $\mathbf{x}, \mathbf{y} \in X$에 대하여

$$(1-t)\mathbf{x}+t\mathbf{y},\ \ 0 \leqq t \leqq 1$$

를 만족할 때, X를 $\mathbb{R}^n$상에서 **볼록집합**(convex set)이라고 말한다. 특히

$$X = \left\{ \mathbf{x} \in \mathbb{R}^n \mid \langle \mathbf{x}, \nu_i \rangle \geq \lambda_{i,}\ \ i = 1, 2, \ldots, k \right\}$$

일 때, X를 **볼록다면체**(convex polyhedron)라 한다. 따라서 볼록 다면체는 초평면들에 의해 둘러싸인 영역이다. 이때 두 초평면의 교집합은 전체 차원보다 2만큼 적은 차원을 가진 **면**(face)이 된다. 예를 들어, 3차원의 경우에는 볼록다면체를 둘러싸고 있는 초평면 부분은 2차원 **면**(facet)이고, 두 면의의 교집합은 **모서리**(edge)이며, 세 개의 면이 모이면 **꼭짓점**(vertex)이 된다.

유계인 볼록다면체를 **다면체** 또는 **폴리토프**(polytope)라 부르며 다면체가 정칙인 경우는 모든 면, 모서리, 그리고 꼭짓점이 서로 같을 때(또는, 등장일 때)이며 유계인 정칙 볼록다면체를 **플라토닉 입체**(Platonic solid)라고 부른다. 여기서 두 꼭짓점이 같다는 의미는 각 꼭짓점에서 만나는 면의 개수가 서로 같고 두 면 사이의 각이 모두 같을 때이다.

3차원 플라토닉 입체의 대표적인 예로는 **정사면체**(tetrahedron) T_4, **정육면체**(cube 또는 hexahedron) C_6, **정팔면체**(octahedron) O_8, **정십이면체**(dodecahedon) D_{12}, **정이십면체**(icosahedron) I_{20}가 있다([그림 5.3]).

플라토닉 입체에 대응하는 **쌍대입체**(dual polytope)는 인접하는 두 면의 중점을 새로운 선분으로 이은 뒤 내부를 채워서 만들어진 볼록다면체이다. 따라서 2차원 정사각형의 쌍대입체는 다시 정사각형인 마름모이고 정육면체의 쌍대입체는 정팔면체이다. 또한 3차원 플라토닉 입체의 쌍대입체는 다시 플라토닉 입체이다. 3차원 플라

토닉 입체의 꼭짓점, 선분, 면의 개수를 정리하면 다음 표와 같다.

	꼭짓점의 개수	선분의 개수	면의 개수
정사면체	4	6	4
정육면체	8	12	6
정팔면체	6	12	8
정십이면체	20	30	12
정이십면체	12	30	20

3차원 유클리드 공간에는 정확하게 앞에서 언급된 5개의 플라토닉 입체만 존재함이 알려져 있다([그림 5.3]).

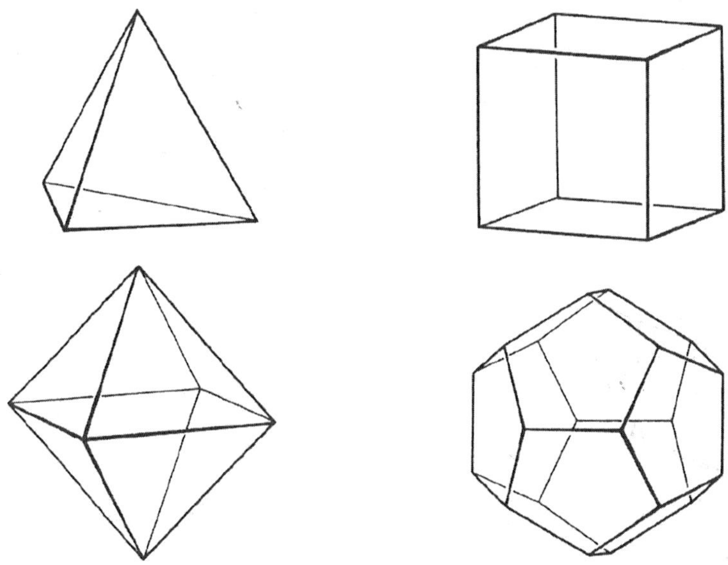

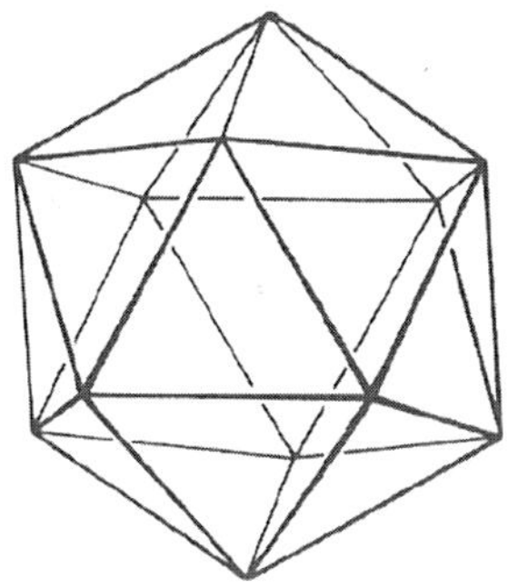

[그림 5.3]

정리 5.2

3차원 플라토닉 입체는 정사면체, 정육면체, 정팔면체, 정십이면체, 그리고 정이십면체뿐이다.

증명 r를 각각의 꼭짓점에서 만나는 2차원 면의 개수라 하고 각각의 면이 정 n-각형으로 이루어져 있다고 가정하자. 그러면 r과 n은 모두 3 이상임을 알 수 있다. 정 n-각형의 한 각을 θ라 하면

$$\theta = \frac{(n-2)\pi}{n}$$

이므로 다음 부등식이 성립한다.

$$\frac{(n-2)\pi}{n} r < 2\pi$$

따라서 $(r-2)(n-2) < 4$가 성립한다. 한편 r과 n은 모두 3이상의 정수이므로 위의 부등식을 만족하는 자연수의 순서쌍 (r,n)은 모두 다음과 같다.

$$(r,n) = (3,3),\ (3,4),\ (3,5),\ (4,3),\ (5,3)$$

이것은 모두 위에서 언급된 5가지 플라토닉 입체를 나타낸다. ■

차원에 따라 정칙인 볼록다면체인 플라토닉 입체의 개수를 동형사상에 관해 정리하면 다음 표와 같다.

차원	1	2	3	4	≥ 5
개수	1	∞	5	6	3

X가 원점을 중심으로 가지고 있는 플라토닉 입체일 때,

$$S(X) = \{f \in O(3) \mid f(X) = X\}, \quad S_d(X) = \{f \in SO(3) \mid f(X) = X\}$$

는 각각 X의 **대칭군**(symmetry)과 **양의 방향성을 가진 대칭군**(direct symmetry)을 나타낸다. 이때 $S_d(X)$는 $S(X)$의 지수가 2인 정규부분군이다.

앞으로 S_n은 n개의 문자 $1,2,3,\ldots,n$으로 이루어진 집합의 **치환군**(permutation group)을 나타내고 S_n의 위수는 $n!$이다. 모든 치환군의 원소는 **호환**(transposition)의 합성으로 주어진다. 이때 짝수개의 호환의 합성으로 주어지는 치환군의 원소들의 모임을 A_n으로 나타내고 **교대군**(alternating group)이라 부른다. A_n은 S_n에서 지수가 2인 정규부분군이다.

$S(T_4) \cong S_4$이고 $S_d(T_4) \cong A_4$이며 C_6, O_8, D_{12}, I_{20}는 모두 $J(X) = -X$인 사상에 의의 보존되는 성질을 가지고 있다. 뿐만 아니라, 두 입체 X, Y가 서로 쌍대관계에 있으면 $S_d(X) \cong S_d(Y)$임을 보일 수 있다. 따라서 $S_d(C_6) \cong S_4$이고 $S_d(D_{12}) \cong A_5$임을 보이면 $S_d(O_8) \cong S_4$이고 $S_d(I_{20}) \cong A_5$가 된다 (아래 표 참고). 3차원 플라토닉 입체의 대칭군을 다음 표와 같이 요약할 수 있다.

	S_d	S
T_4	A_4	S_4
C_6, O_8	S_4	$S_4 \times \{\pm 1\}$
D_{12}, I_{20}	A_5	$A_5 \times \{\pm 1\}$

이 책에서는 정사면체 T_4의 $S(T_4)$와 $S_d(T_4)$를 결정하는 방법을 자세히 설명하고 나머지 경우는 연습문제로 남겨 놓는다.

보조정리 5.3

다음이 성립한다.

(1) $S(T_4) \cong S_4$

(2) $S_d(T_4) \cong A_4$

증명 $S(T_4) \cong S_4$와 $S_d(T_4) \cong A_4$임을 보이기 위해 다음과 같은 준동형사상 φ를 정의하자.

$$\varphi : S(T_4) \to S_4, \quad f \mapsto \hat{f}$$

여기서 $\hat{f}$는 f를 정사면체 T_4의 꼭짓점들의 모임 $V = \{1,2,3,4\}$에 제한하여 얻은 **제한함수**(restriction function)이다.

(i) φ가 전사함수임을 보이기 위해, S_4의 임의의 호환(transposition)이 φ의 상(image)에 속함을 보이면 충분하다. 실제로, 두 꼭짓점 3, 4와 선분 12의 중점을 포함하는 초평면을 H라 할 때, 대칭이동 R_H는 대칭군 $S(T_4)$의 원소이고 $R_H(1) = 2$를 만족한다([그림 5.4]). 따라서 호환 (12)는 대칭이동 R_H에 대응하고 φ의 상의 원소이다. 비슷한 방법으로, 모든 호환이 φ의 상에 포함됨을 보일 수 있다. 즉, φ는 전사함수이다.

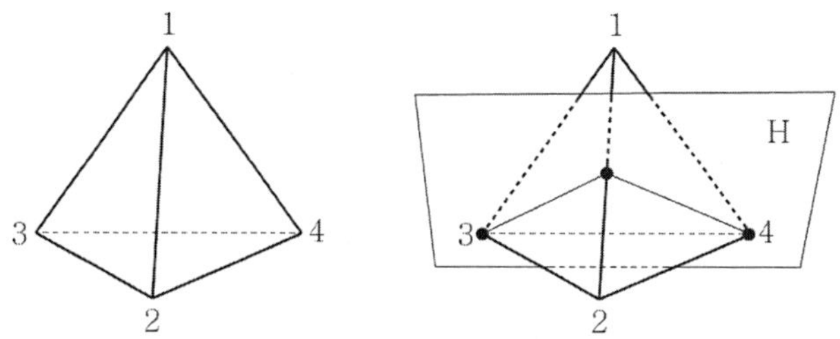

[그림 5.4]

(ii) 또한 일반적인 3차원 등장사상은 4개의 아핀독립인 점에 의해 유일하게 결정된다는 사실을 이용하면 φ가 단사함수가 됨을 쉽게 증명할 수 있다. 좀 더 구체적으로, 정사면체의 경우에는 네 개의 꼭짓점 $1, 2, 3, 4$가 아핀독립인 위치에 있는 네 개의 점이고 이 네 점을 이용하여 함수 φ가 정의되었음으로 φ는 단사함수가 되어야 한다. 따라서 $S(T_4) \cong S_4$이다.

(iii) 마지막 단계로, $\varphi(S_d(T_4))$는 A_4의 부분군이고

$$[S(T_4) : S_d(T_4)] = 2,\ \ [S_4 : A_4] = 2$$

이므로 $S_d(T_4) \cong A_4$임을 알 수 있다. ■

5장 연습문제

1. $O(3) \cong SO(3) \times \{\pm 1\}$ 임을 보여라.

2. $\varphi : S_d(C_6) \to S_4,\ \ f \mapsto \hat{f}$ 라 하자. 여기서 $\hat{f}$는 f를 정사면체 C_6의 네 개의 대각선에 1부터 4까지 번호를 붙여 만든 집합 $V = \{1,2,3,4\}$에 축소하여 얻은 함수이다. 이때 준동형사상 φ가 전단사함수임을 보여라.

3. $S_d(D_{12}) \cong A_5$ 임을 보이기 위해, 먼저 정십이면체 D_{12}의 20개의 꼭짓점에 1부터 5까지 자연수를 다음과 같은 방법으로 중복되지 않게 번호를 붙일 수 있음을 확인하라([그림 5.5]).

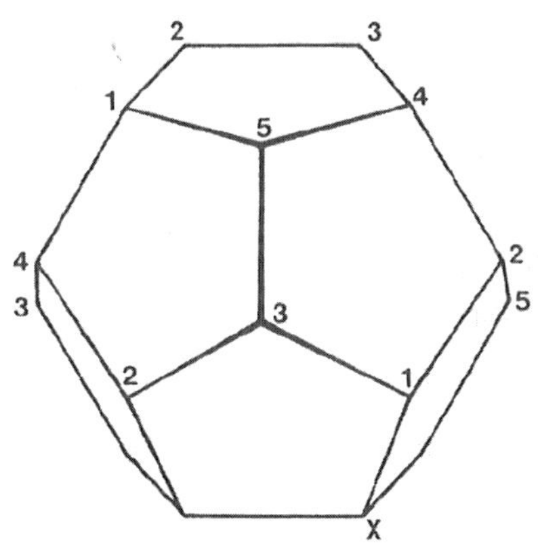

[그림 5.5]

(i) 먼저 D_{12}를 한 면이 수평이 되도록 놓고, 그 면의 5개의 꼭짓점을 시계방향으로 1부터 5까지 번호를 붙인다.

(ii) 그런 다음, 번호 5가 붙은 꼭짓점이 모이는 세 개의 모서리 끝에 있는 꼭짓점에 1, 3, 4의 번호를 붙인다. 이때, 세 개의 꼭짓점 중에서 2개는 이미 1과 4의 번호가 붙어 있다. 따라서 나머지 한 꼭짓점에 3이라는 번호만 더 붙이면 된다.

(iii) 이와 같은 방법으로 나머지 꼭짓점도 1부터 5까지의 번호를 중복되지 않게 붙일 수 있다. 특히, 그림에서 X는 4의 번호가 붙게 된다.

위의 2번 문제와 같이 정의된 준동형사상 φ에 대하여 다음 물음에 자세히 답하라.

(1) φ의 치역에 위수가 3인 원소가 존재함을 보여라.

(2) φ의 치역에 위수가 5인 원소가 존재함을 보여라.

(3) φ의 치역의 위수가 4인 부분군을 찾아라.

(4) φ가 전사함수인지 판별하라.

Introduction to Geometry

제6장

회전군의 유한부분군

이 장의 목표는 특수직교군 $SO(3)$의 유한 부분군 G는 순환군, 정이면체군, 그리고 플라토닉 입체의 양의 방향성을 가진 대칭군 뿐임을 증명하는 것이다. 이를 증명하기 위해서는 먼저 여러 가지 많은 선행지식이 필요하다.

예를 들어, $A\in SO(n)$이고 n이 홀수일 때, 1은 항상 A의 고윳값이 됨을 알아야 한다. 또한 위의 $A\in SO(n)$에 대하여 적당한 직교행렬 P가 항상 존재하여

$$P^{-1}AP=\begin{bmatrix}\cos\alpha & -\sin\alpha & 0\\ \sin\alpha & \cos\alpha & 0\\ 0 & 0 & 1\end{bmatrix}$$

을 만족함도 알아야 한다. 따라서 임의의 원소 $A\in SO(3)$는 반드시 고정점 $\mathbf{x}_0\in S^2$를 가진다.

부분군 $G\subset SO(3)$의 위수를 $n\geq 2$이라 하자. 이때 임의의 $\mathbf{x}\in S^2$에 대하여

$$\mathrm{Stab}(\mathbf{x})=\{g\in G\mid g(\mathbf{x})=\mathbf{x}\}$$

일 때, $m_{\mathbf{x}}$을 $\mathrm{Stab}(\mathbf{x})$의 위수라 하자. 그러면 $\mathbf{x}$의 **궤도(orbit)**

$$\mathrm{Orb}(\mathbf{x})=\{g\cdot\mathbf{x}\mid g\in G\}$$

의 위수는 $\dfrac{n}{m_{\mathbf{x}}}$이고 다음 등식이 성립한다(이 장의 연습문제 1번 참고).

$$2(n-1)=\sum_{\mathrm{Orb}(\mathbf{x})}\frac{n}{m_{\mathbf{x}}}(m_{\mathbf{x}}-1) \tag{6.1}$$

단, 여기서 오른쪽 변은 각각의 궤도에 대하여 정확하게 한 번만 합을 계산한다는 의미이다.

위의 등식 (6.1)을 이해하기 위해, 간단한 예를 들어보자. 위수가 n인 순환군

$$G=\left\langle e^{\frac{2\pi i}{n}}\right\rangle$$

가 2차원 구 S^2의 북극과 남극을 잇는 회전축 l에 따라 $\frac{2\pi}{n}$만큼씩 회전하는 작용을 한다고 가정하자([그림 6.1]).

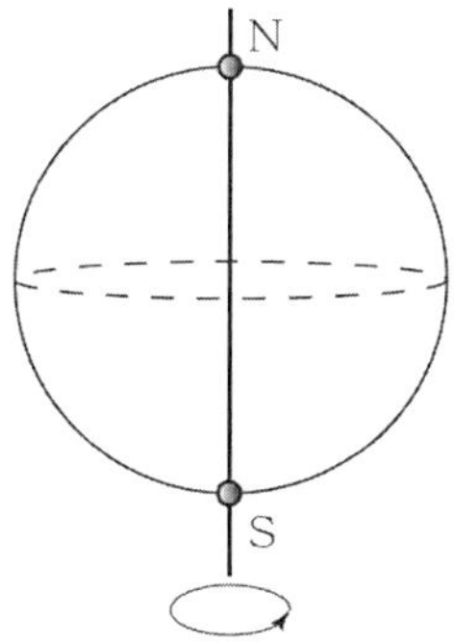

[그림 6.1]

이 작용에 의해 북극점 N과 남극점 S만이 고정점이 되고 나머지 점 $\mathbf{x}$는 모두 고정점이 아니다. 따라서 Stab($\mathbf{x}$)는 자명한 군이다. 다시 말해서, $m_N = m_S = n$이고 $m_{\mathbf{x}} = 1$이다. 따라서 위의 식 (6.1)의 오른쪽 변은

$$\begin{aligned}\sum_{\mathrm{Orb}(\mathbf{x})} \frac{n}{m_{\mathbf{x}}}(m_{\mathbf{x}}-1) &= \frac{n}{m_N}(m_N-1) + \frac{n}{m_S}(m_S-1) + \sum_{\mathrm{Orb}(\mathbf{x}),\, \mathbf{x}\neq N,S} \frac{n}{m_{\mathbf{x}}}(m_{\mathbf{x}}-1) \\ &= \frac{n}{n}(n-1) + \frac{n}{n}(n-1) + \sum_{\mathrm{Orb}(\mathbf{x}),\, \mathbf{x}\neq N,S} \frac{n}{m_{\mathbf{x}}}(1-1) \\ &= (n-1)+(n-1) \\ &= 2(n-1)\end{aligned}$$

이 되어 (6.1)의 왼쪽 변과 같음을 알 수 있다.

이 장에서는 먼저 위에서 언급된 사실들에 대한 자세한 증명을 한다.

보조정리 6.1

$A \in SO(n)$이고 n이 홀수일 때, 1은 항상 A의 고윳값이다.

증명 증명을 위해 $\det(A-E_3)=0$임을 보이면 된다. 실제로,

$$\begin{aligned}\det(A-E_3) &= \det(A-E_3)\det(A^T)\\ &= \det(AA^T - A^T) = \det(E_3 - A^T)\\ &= (-1)^n \det(A-E_3)\\ &= -\det(A-E_3)\end{aligned}$$

이므로 $2\det(A-E_3)=0$이다. 즉, $\det(A-E_3)=0$가 성립한다. ■

보조정리 6.2

임의의 $A \in SO(3)$는 적당한 직교행렬 P가 항상 존재하여

$$P^{-1}AP = \begin{bmatrix} \cos\alpha & -\sin\alpha & 0 \\ \sin\alpha & \cos\alpha & 0 \\ 0 & 0 & 1 \end{bmatrix}$$

을 만족한다. 특히 임의의 원소 $A \in SO(3)$는 반드시 고정점 $\mathrm{x}_0 \in S^2$를 가진다.

증명 위의 **[보조정리 6.1]**에 의해, $Ae_3 = e_3$, $\|e_3\| = 1$를 만족하는 벡터 e_3가 존재한다. e_3을 확장하여 정규직교기저 $\{e_1, e_2, e_3\}$를 만들자. 그런 다음, e_1, e_2에 의해 생성된 2차원 부분공간을 V라 할 때, $A(V)=V$이므로 따라서 $A|_V \in SO(2)$이다. 즉, 기저 e_1, e_2에 관하여 $A|_V$는

$$A|_V = \begin{bmatrix} \cos\alpha & -\sin\alpha \\ \sin\alpha & \cos\alpha \end{bmatrix}$$

로 표현된다. 따라서 기저 e_1, e_2, e_3에 관해 A는 보조정리와 같이 나타내어진다. ■

다음 **[따름정리 6.3]**은 위의 등식 (6.1)을 증명하기 위해 필요한 사실이다(이 장의 문제 1번 참고).

따름정리 6.3

$A \in SO(3)$, $A \neq E_3$일 때,

$$\{X \in \mathbb{R}^3 \mid AX = X\}$$

가 1차원 벡터공간이다.

증명 A는 위의 **[보조정리 6.2]**에 의해

$$A = \begin{bmatrix} \cos\alpha & -\sin\alpha & 0 \\ \sin\alpha & \cos\alpha & 0 \\ 0 & 0 & 1 \end{bmatrix}$$

인 것으로 가정해도 된다. 한편 단위행렬이 아닌 행렬

$$\begin{bmatrix} \cos\alpha & -\sin\alpha \\ \sin\alpha & \cos\alpha \end{bmatrix}$$

은 1를 고윳값으로 가질 수 없다. 따라서 A의 고윳값 1의 고유공간

$$\{X \in \mathbb{R}^3 \mid AX = X\}$$

는 1차원 벡터공간이 되어야 한다. ■

다음 **[정리 6.4]**의 증명에서는 아주 자세한 계산은 생략하고 증명의 중요한 요소만을 간단히 설명한다.

정리 6.4

특수직교군 $SO(3)$의 유한 부분군 G는 순환군, 정이면체군, 그리고 플라토닉 입체의 양의 방향성을 가진 대칭군 뿐이다.

증명 특수직교군 $SO(3)$의 유한 부분군 G는 순환군, 정이면체군, 그리고 플라토닉 입체의 방향성을 가진 대칭군 뿐임을 증명하기 위해, 위의 등식 (6.1)이 성립하

고 $n \geq 2$와 $m_{\mathrm{x}} \geq 2$임을 가정하자.

보조정리 6.5

$m_{\mathrm{x}} \geq 2$를 만족하는 궤도의 개수는 2이거나 또는 3이다.

증명 $n \geq 2$이고 항상 $m_{\mathrm{x}} \geq 2$이므로 다음 부등식이 성립한다.

$$\frac{1}{2} < 1 - \frac{1}{m_{\mathrm{x}}} < 1, \quad 1 \leq 2\left(1 - \frac{1}{n}\right) < 2$$

따라서

$$\sum_{\mathrm{Orb(x)}} \frac{1}{2} \leq \sum_{\mathrm{Orb(x)}} \left(1 - \frac{1}{m_{\mathrm{x}}}\right) = 2\left(1 - \frac{1}{n}\right) < 2$$

이다. 즉, $m_{\mathrm{x}} \geq 2$인 궤도의 개수는 2이거나 또는 3이다. ■

기호를 간단히 하기 위해, 앞으로

$$m_1 := m_{\mathrm{x}_1},\ m_2 := m_{\mathrm{x}_2},\ m_3 =: m_{\mathrm{x}_3}$$

라 놓자.

(1) 먼저 $m_{\mathrm{x}} \geq 2$를 만족하는 궤도의 개수가 2인 경우에는

$$2\left(1 - \frac{1}{n}\right) = \left(1 - \frac{1}{m_1}\right) + \left(1 - \frac{1}{m_2}\right)$$

을 만족한다. 이 등식을 정리하면 $\frac{2}{n} = \frac{1}{m_1} + \frac{1}{m_2}$을 얻는다. 따라서

$$2 = \frac{n}{m_1} + \frac{n}{m_2}$$

이다. 이것은 $|\mathrm{Orb}(\mathbf{x}_1)| = \dfrac{n}{m_1} \in \mathbb{Z}$이고 $|\mathrm{Orb}(\mathbf{x}_2)| = \dfrac{n}{m_2} \in \mathbb{Z}$이므로 $n = m_1$이고 $n = m_2$임을 의미한다. 다시 말해서, 이 경우에는 $m_{\mathbf{x}} \geq 2$인 두 개의 궤도 $\mathrm{Orb}(\mathbf{x}_1), \mathrm{Orb}(\mathbf{x}_2)$가 있고 두 궤도의 원소의 개수가 모두 한 개로 이루어져 있다. 이것은 $\mathbf{x}_1 = -\mathbf{x}_2$이고 G가 $\mathbf{x}_1$과 $\mathbf{x}_2$를 잇는 회전축으로 회전하는 작용을 한다는 것을 의미한다. 따라서 G는 순환군(cyclic group)이다.

(2) $m_{\mathbf{x}} \geq 2$를 만족하는 궤도의 개수가 3인 경우에도 비슷한 방법으로 유한군 G를 결정할 수 있다. 즉 위의 등식 (6.1)로부터 다음 등식이 성립한다,

$$2\left(1 - \frac{1}{n}\right) = \left(1 - \frac{1}{m_1}\right) + \left(1 - \frac{1}{m_2}\right) + \left(1 - \frac{1}{m_3}\right)$$

따라서

$$1 < 1 + \frac{2}{n} = \frac{1}{m_1} + \frac{1}{m_2} + \frac{1}{m_3} \tag{6.2}$$

이 된다. 이때 일반성을 잃지 않고 $m_1 \geq m_2 \geq m_3$을 가정하면 (6.2)에 의해 $m_3 = 2$가 성립해야 함을 알 수 있다. 따라서 $m_2 = 2$이거나 3인 경우만 고려하면 된다.

(i) $m_2 = 2$인 경우에는 위의 식 (6.2)로부터

$$\frac{2}{n} = \frac{1}{m_1}, \text{ 즉 } n = 2m_1$$

을 얻는다. 따라서 세 개의 궤도의 원소의 개수는 각각

$$|\mathrm{Orb}(\mathbf{x}_1)| = \frac{n}{m_1} = 2,$$
$$|\mathrm{Orb}(\mathbf{x}_2)| = \frac{n}{2} = m_1 = |\mathrm{Orb}(\mathbf{x}_3)|$$

가 된다. 즉, 이 경우는 G가 정이면체군인 경우이다.

(ii) $m_2 = 3$인 경우에는 위의 식 (6.2)로부터

$$\frac{1}{2}+\frac{2}{n}=\frac{1}{m_1}+\frac{1}{3}$$

을 얻는다. 따라서 $\frac{1}{3} \geq \frac{1}{6}+\frac{2}{n}=\frac{1}{m_1}>\frac{1}{6}$ 즉, $3 \leq m_1 < 6$이고

$$(6-m_1)n = 12m_1$$

이 성립한다. 이로부터 나타날 수 있는 (m_1, n)의 모든 경우는

$$(m_1, n) = (3, 12),\ (4, 24),\ (5, 60)$$

뿐이다. 따라서 (m_1, m_2, m_3, n)으로 나타날 수 있는 모든 경우는

$$(3, 3, 2, 12),\ (4, 3, 2, 24),\ (5, 3, 2, 60)$$

뿐이다

위의 (i)과 (ii)에 의해, (m_1, m_2, m_3, n)으로 나타날 수 있는 모든 경우는

$$\left(\frac{n}{2}, 2, 2, n\right),\ (3, 3, 2, 12),\ (4, 3, 2, 24),\ (5, 3, 2, 60)$$

뿐이고 이것은 플라토닉 입체의 양의 방향성을 갖는 대칭군과 일치한다. ■

$m_{\mathrm{x}} \geq 2$를 만족하는 궤도의 개수가 3인 경우를 표로 정리하면 다음과 같다.

n	m_1	m_2	m_3	$\lvert \mathrm{Orb}(\mathbf{x}_1) \rvert$	$\lvert \mathrm{Orb}(\mathbf{x}_2) \rvert$	$\lvert \mathrm{Orb}(\mathbf{x}_3) \rvert$
$2k \geq 4$	k	2	2	2	k	k
12	3	3	2	4	4	6
24	4	3	2	6	8	12
60	5	3	2	12	20	30

[그림 6.2]는 $n=6$인 경우에 $|\mathrm{Orb}(\mathbf{x}_1)|=2$이고 $|\mathrm{Orb}(\mathbf{x}_2)|=|\mathrm{Orb}(\mathbf{x}_3)|=3$인 예를 보여준다. 반면에, [그림 6.3]은 $n=8$인 경우에 $|\mathrm{Orb}(\mathbf{x}_1)|=2$이고 $|\mathrm{Orb}(\mathbf{x}_2)|=|\mathrm{Orb}(\mathbf{x}_3)|=4$인 예를 보여준다. 여기서 단위구의 북극점이나 또는 남극점이 $\mathbf{x}_1$에 해당하고, 검은 점이나 하얀 점과 같이 같은 색깔을 가진 점들은 같은 궤도에 들어 있는 원소를 나타낸다. 다시 말해서, [그림 6.2]와 [그림 6.3]의 모든 검은 점은 $\mathbf{x}_2$가 속해있는 궤도에 들어 있고, 모든 하얀 점은 $\mathbf{x}_3$가 속해있는 궤도에 들어 있다.

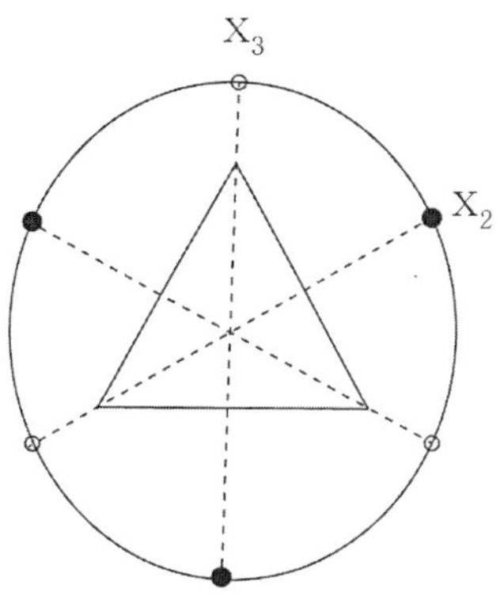

[그림 6.2] $n=6$

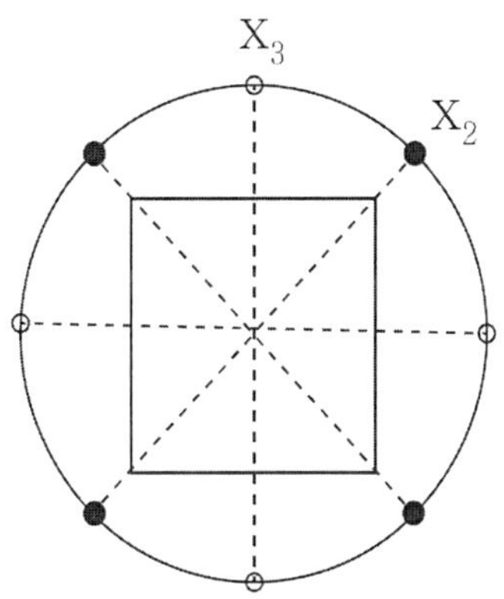

[그림 6.3] $n=8$

6장 연습문제

1. 부분군 $G \subset SO(3)$의 위수를 n이라 하고 $\mathbf{x} \in S^2$에 대하여

$$\mathrm{Stab}(\mathbf{x}) = \{g \in G \mid g(\mathbf{x}) = \mathbf{x}\}$$

일 때, $m_{\mathbf{x}}$를 $\mathrm{Stab}(\mathbf{x})$의 위수라 하자. 이때 다음 등식이 성립함을 보여라.

$$2(n-1) = \sum_{\mathrm{Orb}(\mathbf{x})} \frac{n}{m_{\mathbf{x}}}(m_{\mathbf{x}} - 1)$$

단, 여기서 오른쪽 변은 각각의 궤도에 대하여 정확하게 한 번만 합을 계산한다는 의미이다.

2. $A \in GL(2n, \mathbb{R})$이 다음 세 가지 조건 (i), (ii), (iii)을 만족한다고 하자.

(i) $A^T = BA^{-1}B^{-1}$, $B \in GL(2n, \mathbb{R})$

(ii) $\det(A) = 1$

(iii) 1과 -1이 모두 A의 고윳값

이때 1과 -1의 **중복도**(multiplicity)가 모두 짝수임을 보여라.

3. $m_{\mathbf{x}} \geq 2$를 만족하는 궤도의 개수가 3인 경우에, $m_{x_0} \geq m_{x_1} \geq m_{x_2}$을 가정하면 $(m_{x_0}, m_{x_1}, m_{x_2}, n)$으로 나타날 수 있는 경우는

$$(k, 2, 2, 2k),\ (3, 3, 2, 12),\ (4, 3, 2, 24),\ (5, 3, 2, 60),\ k \geq 2$$

뿐임을 자세히 보여라.

Introduction to Geometry

제7장

사원수군와 3차원 구

이 장에서는 **회전군**과 **사원수군**(quaternion group)과의 관계에 관해 간단히 알아본다. 이를 위해 먼저 원점이 중심이고 반지름이 r인 원판을

$$D_r^3 = \{\mathbf{x} \in R^3 \mid \|\mathbf{x}\| \le r\}$$

로 나타내자. 그런 다음, 임의의 두 원소 $\mathbf{x}, \mathbf{y} \in D_r^3$에 대하여 다음과 같은 동치관계를 주자([그림 7.1]).

$$\mathbf{x} \sim \mathbf{y} \Leftrightarrow \mathbf{x} = \mathbf{y} \text{ 또는 } \mathbf{x} = -\mathbf{y}\text{이고 } \|\mathbf{x}\| = 1$$

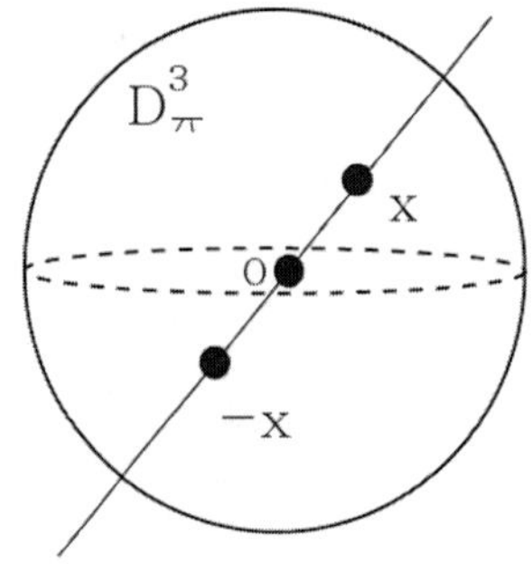

[그림 7.1]

그러면 **상공간**(quotient space) $D_r^3/\sim$는 $SO(3)$ 또는 3차원 **실사영공간**(real projective space) $\mathbb{P}^3(\mathbb{R})$과 위상동형이다(실사영공간 관한 정의와 기본적인 성질은 제9장 참고). 이때 3차원 실사영공간 $\mathbb{P}^3(\mathbb{R})$을 적도를 포함한 북반구를 이용하여 표현할 수 있으며, 또한 3차원 구 S^3에 위에서 주었던 동치관계의 상공간을 이용하여 표현할 수도 있음은 잘 알려진 사실이다([그림 7.2]).

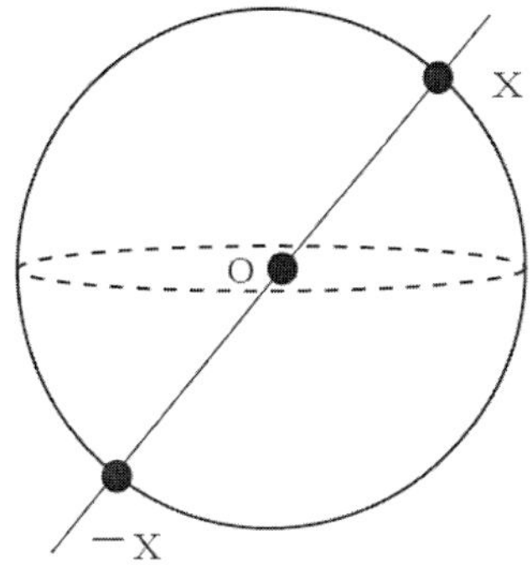

[그림 7.2]

정리 7.1

특수직교군 $SO(3)$는 3차원 실사영공간 $\mathbb{P}^3(\mathbb{R})$과 위상동형이다.

증명 증명을 위해, 원점이 중심이고 반지름이 π인 원판 D_π^3에서 $SO(3)$로 가는 함수

$$\varphi : D_\pi^3 \to SO(3),\ \ X \mapsto \varphi(X)$$

를 고려하자. 여기서 $\varphi(X)$는 X에 의해 생성된 1차원 부분공간을 회전축으로 $\|X\|$만큼 반시계 방향으로 회전하는 이동을 나타낸다. 그러면, 다음과 같은 사실이 성립함을 어렵지 않게 확인할 수 있다.

(i) φ가 $\varphi(0) = 0$을 만족한다.

(ii) φ가 전사함수이다.

(iii) $\varphi(X) = \varphi(-X)$를 만족할 필요충분조건은 $\|X\| = \pi$이다.

(iv) φ가 연속함수이다.

위의 (i)-(iv)에 의해, φ가 $\mathbb{P}^3(\mathbb{R})$에서 $SO(3)$로 가는 위상동형사상을 유도함을 알

수 있다. 따라서 $SO(3)$는 3차원 실사영공간 $\mathbb{P}^3(\mathbb{R})$과 위상동형이다. ■

또한 3차원 구 S^3는 사원수군과도 밀접한 관계를 가지고 있다. 사원수군 H는

$$H = \{q = a + bi + cj + dk \mid a,b,c,d \in \mathbb{R},\ i^2 = j^2 = k^2 = -1,\ ij = jk = ki\}$$

로 정의된다. 특히 $q := a + bi + cj + dk$라 할 때,

$$\begin{aligned} \bar{q} &= a - bi - cj - dk, \\ \|q\| &= \sqrt{a^2 + b^2 + c^2 + d^2}, \\ q^{-1} &= \frac{\bar{q}}{\|q\|^2} \end{aligned}$$

가 성립한다.

보조정리 7.2

각각의 사원수 $q = a + bi + cj + dk$에 대하여,

$$A(q) = \begin{bmatrix} a + bi & c + di \\ -c + di & a - bi \end{bmatrix}$$

에 의해 H에서 $M(2, \mathbb{C})$로 가는 사상 A를 정의할 때, A는 단사함수이고 준동형사상이다.

증명 A가 단사함수인 것은 자명하므로 A가 준동형사상인 것만 증명한다. 이를 위해, $q = i, j, k$인 경우만 확인하면 된다. 실제로,

$$A(i) = \begin{bmatrix} i & 0 \\ 0 & -i \end{bmatrix},\ A(j) = \begin{bmatrix} 0 & 1 \\ -1 & 0 \end{bmatrix},\ A(k) = \begin{bmatrix} 0 & i \\ i & 0 \end{bmatrix}$$

이다. 따라서 $A(i)A(j) = A(ij) = A(k)$이므로 A는 준동형사상이다. ■

보조정리 7.3

q를 $\bar{q}$로 보내는 사상은 **반동형사상**(anti-isomorphism)이고 다음 등식이 성립한다.

$$\overline{q_1 q_2} = \overline{q_2}\,\overline{q_1}, \quad q_1, q_2 \in H$$

증명 이를 증명하기 위해,

$$A(\bar{q}) = \overline{A}^T(q)$$

임을 확인하면 충분하고 이것은 독자에게 맡긴다. ■

단위길이를 갖는 사원수들의 모임인 H_1은 사원수의 곱셈에 관해 군을 이룬다. 한편 유니터리군 $U(n)$은

$$U(n) = \{A \in M(n, C) \mid A\overline{A}^T = E_n\}$$

으로 정의되고 특수유니터리군 $SU(n)$은 $U(n)$의 원소 중에서 행렬식이 1인 원소들의 모임이다.

다음 정리가 성립한다.

정리 7.4

$SU(2) \cong S^3$이다.

증명 정리를 증명하기 위해, 다음과 같은 대응관계

$$q = (a+bi)+(c+di)j = \alpha + \beta j \leftrightarrow \begin{bmatrix} \alpha & \beta \\ -\overline{\beta} & \overline{\alpha} \end{bmatrix} \in SU(2)$$

가 동형사상이 됨을 확인하면 충분하다. 자세한 증명은 독자에게 맡긴다. ■

S^3와 단위길이를 갖는 사원수 부분군 H_1이 동형임은 쉽게 보일 수 있다. 따라서 다음과 같은 따름정리가 성립한다.

따름정리 7.5

단위길이를 갖는 사원수 부분군 H_1이 특수유니터리군 $SU(2)$와 동형이다.

정리 7.6

$S^3/\{\pm 1\} \cong SO(3)$이다.

증명 정리를 증명하기 위해, 다음과 같은 함수 φ를 정의하자.

$$\varphi : S^3 \to SO(3), \quad q \mapsto \varphi_q,$$
$$\varphi_q(X) = qXq^{-1}, \ X \in \mathbb{R}^3 \cong \{xi + yj + zk \mid x, y, z \in \mathbb{R}\}$$

(1) 먼저 위에서 정의된 함수 φ가 잘 정의되었는지 확인할 필요가 있다. 실제로, 임의의 고정된 $q \in SU(2) = H_1$에 대하여 함수 φ_q는 3차원 유클리드 공간 $\mathbb{R}^3$에 공액(conjugate) 관계

$$S^3 \times \mathbb{R}^3 \to \mathbb{R}^3, \quad (q, xi + yj + zk) \mapsto q \cdot (xi + yj + zk) \cdot q^{-1}$$

로 정의되어 있다. 따라서 $v := q \cdot (xi + yj + zk) \cdot q^{-1}$라 할 때, φ가 잘 정의되었는지 확인하기 위해서는 먼저 $\bar{v} = -v$임을 보여야 한다. 실제로,

$$\bar{v} = \overline{q^{-1}}(-xi - yj - zk)\bar{q} = -q(xi + yj + zk)q^{-1} = -v$$

가 성립한다. 또한 비슷한 계산을 통해

$$\|q(xi + yj + zk)q^{-1}\| = \|xi + yj + zk\|$$

도 쉽게 보일 수 있다. 따라서 S^3는 φ_q를 통해 $\mathbb{R}^3$에 직교변환으로 작용하고 있다.

(2) $\varphi(1)=E_3$과 $\varphi(S^3)\subset SO(3)$이다 :

$\varphi(1)=E_3$인 것은 정의에 의해 자명하므로 $\varphi(S^3)\subset SO(3)$을 보이면 충분하다. 실제로, 함수 φ가 연속함수이고 S^3가 연결공간이므로 $\varphi(S^3)$도 역시 연결공간이다. $\varphi(1)=E_3\in SO(3)$이므로 $\varphi(S^3)\subset SO(3)$이 성립함을 알 수 있다.

(3) φ가 준동형사상이고 φ의 핵(kernel)이 $\{\pm 1\}$이다 : 임의의 두 원소 q_1, q_2에 대하여

$$q_2 \cdot (q_1 \cdot X) = (q_2 \cdot q_1) \cdot X,\ \ X\in\mathbb{R}^3$$

이고

$$q_2 \cdot (q_1 \cdot X \cdot q_1^{-1}) \cdot q_2^{-1} = (q_2 \cdot q_1) \cdot X \cdot (q_2 \cdot q_1)^{-1}$$

이므로 φ는 준동형사상이다. 또한, $q\in\ker\varphi$일 필요충분조건은

$$q \cdot X \cdot q^{-1} = X,\ \ X\in\mathbb{R}^3$$

이다. 특히 만일 $X=i$라면 $q=z+wj,\ z,w\in\mathbb{C}$는 $w=0$을 만족하고 $X=j$라면, $q=z=a+bi,\ a,b\in\mathbb{R}$에서 $b=0$을 만족한다. 따라서 $q\in\mathbb{R}$이므로 $q=\pm 1$이다.

(4) φ가 전사함수이다 : φ는 2-1 사상이므로 φ의 차수 $\deg\varphi$가 2이다. 따라서 φ는 전사함수가 아니라면 deg$=0$이 되어 모순이 생긴다(미분가능인 함수의 차수(degree)에 관한 내용은 Spivak(1999)의 8장이나 Bott-Tu(1982)의 책을 참고하기 바란다). ■

7장 연습문제

1. 단위길이를 갖는 사원수들의 모임인 H_1이 군이 됨을 보여라. 특히 사원수 $q \neq 0$의 역원을 구체적으로 구하라.

2. 다음 대응관계

$$q = (a+bi)+(c+di)j = \alpha + \beta j \ \mapsto \begin{bmatrix} \alpha & \beta \\ -\overline{\beta} & \overline{\alpha} \end{bmatrix} \in SU(2)$$

가 동형사상임을 보여라.

3. $SU(2) \cong S^3$가 3차원 유클리드 공간 $\mathbb{R}^3$에 공핵관계

$$\begin{aligned} &\varphi : S^3 \times \mathbb{R}^3 \to \mathbb{R}^3, \\ &(q, X) = (q, xi+yj+zk) \mapsto q \cdot (xi+yj+zk) \cdot q^{-1} \end{aligned}$$

로 작용할 때, 임의의 $q \in S^3$에 대하여 $\|\varphi(q, X)\| = \|X\|$임을 보여라.

4. 임의의 영이 아닌 사원수 q_1, q_2에 대하여, q_1, q_2를 4차원 유클리드 공간의 원소로 볼 때, q_1과 q_2가 서로 수직일 필요충분조건은 $\overline{q_1}^{-1} q_2$가 순허수임을 보여라.

5. $G = \{\pm 1, \pm i, \pm j, \pm k, \frac{1}{2}(\pm 1 \pm i \pm j \pm k)\}$일 때, G는 24개의 원소로 구성된 단위사원수군 $H_1 = S^3$의 부분군이다. 이때 다음과 같이 정의된 함수

$$\begin{aligned} &\varphi : S^3 \to SO(3), \\ &q \mapsto \varphi_q, \ \varphi_q(X) = qXq^{-1}, \ X \in \mathbb{R}^3 \cong \{xi+yj+zk \mid x, y, z \in \mathbb{R}\} \end{aligned}$$

의 G의 상 $\varphi(G)$를 구체적으로 찾아라.

Introduction to Geometry

제8장

격자대칭군

이 장에서는 격자대칭군의 원소 중에서 회전이동의 위수를 간단히 조사해 보고자 한다. 격자대칭군에 관한 여러 가지 사실은 결정체(crystal)에 관한 수학과 물리학 이론에서 중요한 역할을 차지한다. 또한 이것은 "언제 벽지문양(wall paper)을 회전이동에 의해 보존할 수 있는가?"와 같은 흥미로운 문제와도 밀접한 관련을 가지고 있다.

L이 $\mathbb{R}^n$의 부분집합일 때, 다음 세 조건 (1), (2), (3)을 만족하면 **격자**(lattice)라고 말한다.

(1) L이 $(\mathbb{R}^n,+)$의 부분군이다.

(2) L이 유클리드 위상공간 $\mathbb{R}^n$의 이산부분공간(discrete subspace)이다.

(3) 실수의 계수상에서 L이 벡터공간 $\mathbb{R}^n$을 생성한다.

여기서 L이 유클리드 공간 $\mathbb{R}^n$의 이산부분공간이란 각각의 원소 $\mathbf{x} \in L$와 임의의 원소 $\mathbf{y}(\neq \mathbf{x}) \in L$대하여, $d(\mathbf{x}, \mathbf{y}) \geq \varepsilon > 0$을 만족하는 실수 ε이 존재한다는 의미이다. 즉 L이 유클리드 공간 $\mathbb{R}^n$상에서 극한점(limit point) 또는 집적점(accumulation point)을 가지고 있지 않다는 의미이다. 예를 들어, $\{0\} \bigcup \left\{ \frac{1}{n} | n \in \mathbb{N} \right\}$은 $\mathbb{R}$의 이산부분공간이 아니지만 $\mathbb{Z}^2 = \mathbb{Z} \times \mathbb{Z}$는 $\mathbb{R}^2$의 이산부분공간으로 격자가 된다.

사실, 격자 $L \subset \mathbb{R}^n$을 $\mathbb{R}^n$의 기저 $\{v_1, v_2, \dots, v_n\}$을 택하여

$$L = \left\{ \sum_{i=1}^{n} n_i v_i \,\middle|\, n_i \in \mathbb{Z} \right\}$$

로 정의할 수 있고, 이 정의가 격자를 기하학적이고 직관적으로 이해하기 더 쉽기 때문에 이 책에서는 이 정의를 주로 이용한다.

보조정리 8.1

L은 $\mathbb{Z}^n$과 군으로 동형이다.

증명 L에서 $\mathbb{Z}^n$으로 가는 사상

$$\varphi : L \to \mathbb{Z}^n,\ \sum_{i=1}^{n} m_i v_i \mapsto (m_1, m_2, \ldots, m_n)$$

을 정의하자. 그러면 φ가 전단사함수이고 L의 군 구조를 보존함을 쉽게 확인할 수 있다. ■

격자 $L \subset \mathbb{R}^n$의 대칭군 $S(L)$을 **격자대칭군(lattice symmetry)**이라 부른다. 이 장에서는 격자대칭군의 원소 중에서 회전이동의 위수에 관한 다음 정리를 서술하고 그 증명을 한다.

정리 8.2

$n = 2$ 또는 3일 때, R이 격자 $L \subset \mathbb{R}^n$의 대칭군 $S(L)$의 원소로 위수가 m인 회전이동이면 $m = 2, 3, 4, 6$ 중의 하나이다.

증명 3차원 회전이동은 회전축에 관한 회전이동이므로 회전축에 수직인 평면에 관한 회전이동을 이용하여 이해할 수 있다. 따라서 위의 정리를 2차원 회전이동에 관해 증명하면 충분하고, 앞으로 $n = 2$라 가정하자.

증명을 위해, M을 격자 L를 보존하는 회전이동의 중심들의 모임이라 하자. 그러면 L의 임의의 점에 관해 L을 π만큼 회전하면 다시 L이 됨으로 M은 L의 각 원소를 포함하고 있으며 M은 $\mathbb{R}^2$의 이산부분공간이다. 이제 $p \in M$에 대하여 R를

$$R = R\left(p, \frac{2\pi}{m}\right)$$

이라 할 때, $p_1(\neq p)$를 $R\left(p_1, \frac{2\pi}{m}\right) \in S(L)$을 만족하는 p에서부터 거리가 최소인 점이라 하자(격자의 정의에 위의 성질을 만족하는 점 p_1이 반드시 존재한다). 그러면 정의에 의해 $p_1 \in M$이다. 귀류법을 이용하여 증명을 완료하기 위해

$$m \neq 2,3,4,6$$

이라 가정하자. 그러면 p_1과 서로 다른 점으로 p에서 거리가 $d(p,p_1)$보다 작고 $R\left(q, \frac{2\pi}{m}\right) \in S(L)$을 만족하는 새로운 점 q를 찾을 수 있다([그림 8.1]). 실제로, $p_2 = R\left(p_1, \frac{2\pi}{m}\right)(p)$라 하면

$$\begin{aligned} R\left(p_2, \frac{2\pi}{m}\right) &= R\left(R\left(p_1, \frac{2\pi}{m}\right)(p), \frac{2\pi}{m}\right) \\ &= R\left(p_1, \frac{2\pi}{m}\right) \circ R\left(p, \frac{2\pi}{m}\right) \circ R\left(p_1, -\frac{2\pi}{m}\right) \in S(L) \end{aligned}$$

이 성립하고, 이등변삼각형의 성질을 이용하여 다음 등식을 보일 수 있다.

$$d(p,p_2) = 2d(p, p_1)\sin\left(\frac{\pi}{m}\right)$$

하지만, 만일 $m > 6$이면

$$d(p,p_2) = 2\sin\left(\frac{\pi}{m}\right)d(p,p_1) < d(p,p_1)$$

이 성립되어 p_1의 선택에 모순이다. 따라서 $2 \leq m \leq 6$이 되어야 한다.

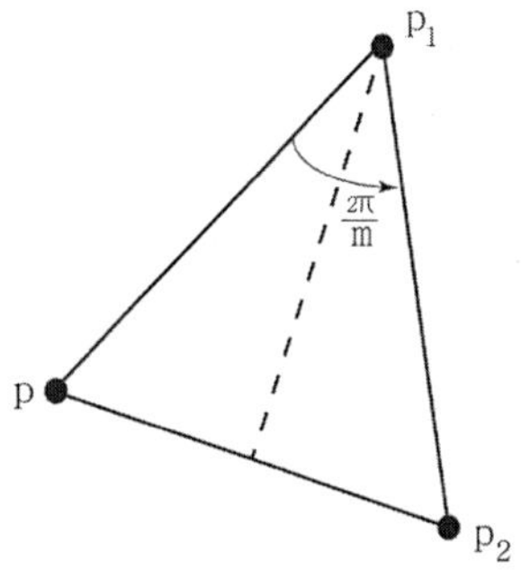

[그림 8.1]

마지막으로 $m=5$인 경우를 제외하기 위해, $m=5$라 가정하자. 그러면

$$p_3 = R\left(p_2, \frac{2\pi}{5}\right)(p_1)$$

일 때, 위와 비슷한 방법으로 다음 등식이 성립함을 알 수 있다.

$$\begin{aligned} R\left(p_3, \frac{2\pi}{5}\right) &= R\left(R\left(p_2, \frac{2\pi}{5}\right)(p_1), \frac{2\pi}{5}\right) \\ &= R\left(p_2, \frac{2\pi}{5}\right) \circ R\left(p_1, \frac{2\pi}{5}\right) \circ R\left(p_2, -\frac{2\pi}{5}\right) \in S(L) \end{aligned}$$

또한 코사인 제2법칙을 이용하여

$$d(p,p_3)^2 = d(p,p_1)^2 + 4d(p,p_1)^2 \sin^2\left(\frac{\pi}{5}\right) - 4d(p,p_1)^2 \sin\left(\frac{\pi}{5}\right)\cos\left(\frac{\pi}{10}\right) < d(p,p_1)^2$$

을 보일 수 있으므로 p_1의 선택에 모순이다([그림 8.2]).

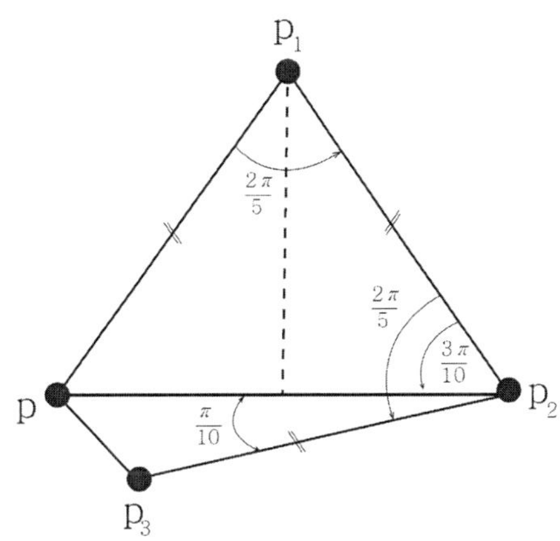

[그림 8.2]

따라서 m은 2,3,4,6중의 하나가 되어야 한다. ■

[**정리 8.2**]를 다른 방법으로 증명할 수도 있다. 이를 위해, 먼저 격자 $L \subset \mathbb{R}^n$을 $\mathbb{R}^n$의 기저 $\{v_1, v_2, \ldots, v_n\}$을 택하여

$$L = \left\{ \sum_{i=1}^{n} n_i v_i \;\middle|\; n_i \in \mathbb{Z} \right\}$$

로 정의할 수 있음을 상기하자. 이때 임의의 선형사상 $f \in S(L)$는 기저 $\{v_1, v_2, \ldots, v_n\}$에 관해 정수를 성분으로 가지는 행렬로 표현된다. 한편 $n=2$이거나 $n=3$이고 f가 회전이동을 나타내면 $\mathbb{R}^n$의 적당한 정규직교기저에 관해 f를 다음과 같은 행렬로 표현할 수 있다.

$$A_\theta = \begin{bmatrix} \cos\theta & -\sin\theta \\ \sin\theta & \cos\theta \end{bmatrix}, \quad B_\theta = \begin{bmatrix} A_\theta & 0 \\ 0 & 1 \end{bmatrix}$$

따라서 A_θ와 B_θ가 회전이동인 선형사상 $f \in S(L)$를 나타낼 때, A_θ와 B_θ는 적당한 기저 변환에 관해 정수를 성분으로 가지는 행렬과 같다.

일반적으로 행렬의 대각합은 기저의 선택에 의존하지 않는다. 따라서 만약 A_θ가 선형사상 $f \in S(L)$를 나타낼 때, A_θ의 대각합 $2\cos\theta$는 정수가 되어야 한다. 즉 다음 등식이 성립한다.

$$\cos\theta = 0, \pm\frac{1}{2}, \pm 1$$

결론적으로, $f \in S(L)$가 위수가 m인 회전이동이면 $m = 2, 3, 4, 6$ 중의 하나가 되어야 함을 알 수 있다.

위의 [**정리 8.2**]를 만족하는 예로는 다음과 같은 격자가 있다([그림 8.3], [그림 8.4]).

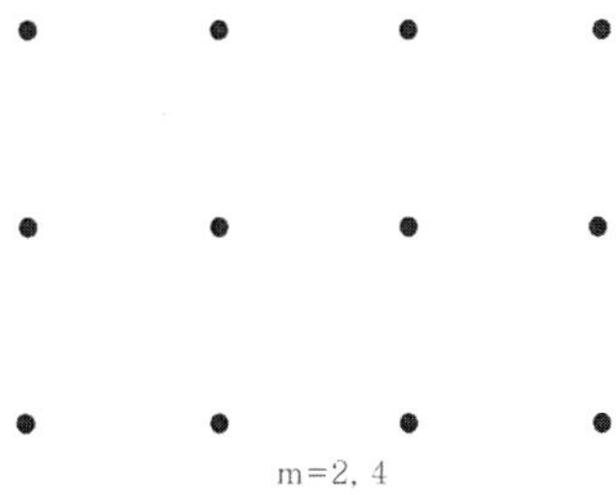

[그림 8.3]

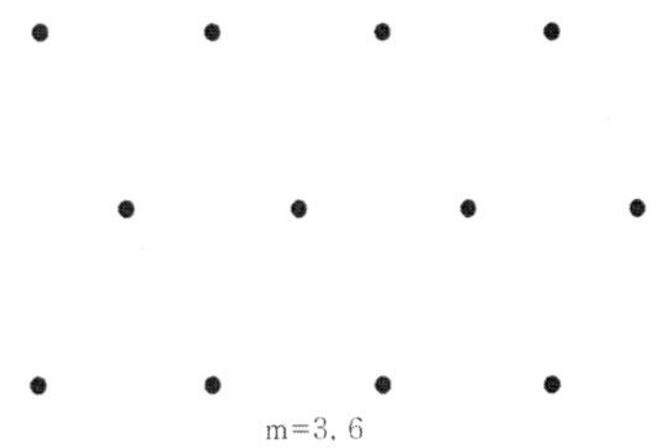

[그림 8.4]

[**정리 8.1**]을 이용하여 3차원 격자 L을 보존하는 $O(3)$의 유한부분군은 총 32개로 이루어져 있음을 보일 수 있다(Dubrovin, Fomenko, Novikov(1984)의 20절 참고).

8장 연습문제

1. 격자 $L \subset \mathbb{R}^n$은 대칭군 $S(L)$의 평행이동들로 구성된 부분군과 군으로 동형임을 보여라.

2. [정리 8.2]의 증명에서 정의된 집합 M이 $\mathbb{R}^n$의 이산부분공간임을 보여라.

3. 다음 부등식이 성립함을 보여라.

$$d(p,p_3)^2 = d(p,p_1)^2 + 4d(p,p_1)^2\sin^2\left(\frac{\pi}{5}\right) - 4d(p,p_1)^2\sin\left(\frac{\pi}{5}\right)\cos\left(\frac{\pi}{10}\right) < d(p,p_1)^2$$

제9장

사영기하학

사영기하학은 17세기부터 시작되었으며, 그 이후 이 기하학은 프랑스 건축학자 데자르그(Girard Desargues)에 의해 많이 발전되었다. 이 분야는 투시화법을 기하학적으로 이해하기 위한 시도로부터 시작되었다. 투시화법에서는 일반적으로 두 개의 아주 긴 평행한 직선을 그릴 때, 시각적인 이해를 돕기 위해 두 직선이 저 멀리에서 결국에는 만나도록 그린다. 따라서 무한대에 있는 점을 고려할 필요가 있고 이 필요에 의해 사영기하학이 시작되었다.

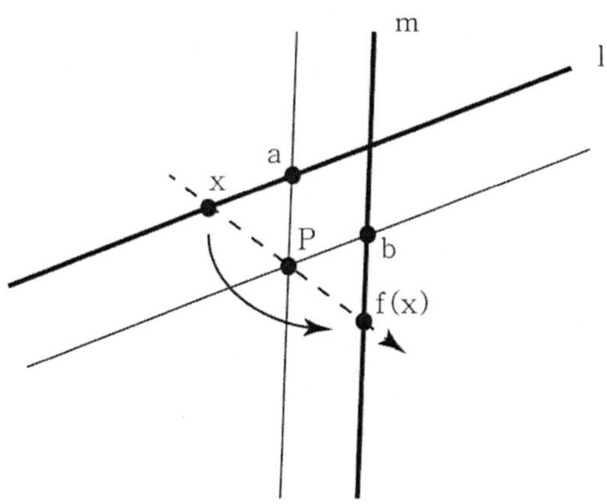

[그림 9.1]

이것을 좀 더 구체적으로 알아보기 위해, 평면에 있는 서로 교차하는 두 직선 l, m을 고려해 보자([그림 9.1]). 그림과 같이 두 직선 l과 m 위에 있지 않은 한 점 P와 직선 l의 임의의 점 x를 연결하는 직선이 m과 만나는 점을 $f(x)$라 하면 l에서 m으로 가는 대응관계가 만들어진다. 다만, 이 방법으로는 그림에 있는 점 a를 m에 있는 점으로 대응시킬 수 있는 방법이 없고 m에 있는 점 b에 대응하는 점이 l에 존재하지 않는다.

이와 같은 사실을 보완하기 위해, 두 직선 l,m에 각각 새로운 점을 추가할 필요가 있다. 다시 말해서, 직선 l과 m에 무한대에 있는 점 ∞_B, ∞_A을 추가하면 함수 f는 이제 $l\bigcup\{\infty_B\}$에서 $m\bigcup\{\infty_A\}$로 가는 일대일 대응이 된다. 이와 같이 무한에 있는 점을 추가하여 기하학적인 성질을 연구하는 분야가 바로 사영기하학이라 말할 수 있다.

앞으로, 사영공간에서 무한대에 있는 점을 추가하여 만든 직선을 **실사영직선**(projective line) 또는 간단히 **직선**(line)으로 부르기로 한다, 그리고 실사영직선은 원(circle)과 같은 위상적 성질을 가지고 있다. 이것은 북극점을 이용한 **입체사영** 또는 **극사영**(stereographic projection)을 통해 확인할 수 있다.

9.1 사영공간

평면에 있는 서로 교차하는 두 직선에 관한 논의를 3차원 유클리드 공간 $\mathbb{R}^3$에 놓여 있는 서로 교차하는 두 초평면에 관한 논의로 자연스럽게 확장할 수 있다. 따라서 실사영직선의 경우와 같이 초평면에 무한대의 있는 실사영직선을 추가하여 2차원 실사영평면 $\mathbb{P}^2(\mathbb{R})$도 얻을 수 있다.

위의 과정을 수학적으로 좀 더 엄밀히 설명할 수 있다. 다시 말해서, 실사영직선을 얻기 위해 먼저 $\mathbb{R}^2-\{(0,0)\}$의 임의의 두 점 $(x,y),(x',y')$에 대하여, 다음과 같은 동치관계를 주자.

$$(x,y)\ \sim\ (x',y')\Leftrightarrow x'=\lambda x,\ y'=\lambda y,\ 0\neq\lambda\in\mathbb{R}$$

그런 다음, 상공간

$$\left(\mathbb{R}^2-\{(0,0)\}\right)/\sim=\left\{[x:y]:=[(x,y)]\mid(x,y)\in\mathbb{R}^2-\{(0,0)\}\right\}$$

을 실사영직선 $\mathbb{P}^1(\mathbb{R})$로 정의하면 $\mathbb{P}^1(\mathbb{R})$은 S^1과 위상동형임을 알 수 있다. 특히, $[x:y]$에서 $x\neq 0$이면

$$[x:y]=\left[1:\frac{y}{x}\right]$$

이므로 이 경우에는 $[x:y]$를 $\frac{y}{x}$로 볼 수 있다. 따라서 $x \neq 0$를 만족하는 $\mathbb{P}^1(\mathbb{R})$의 임의의 점 $[x:y]$은 실수의 집합 $\mathbb{R}^1$의 임의의 점 $\frac{y}{x}$에 대응하게 된다. 한편, $[0:y]=[0:1]$이므로 이 점이 바로 무한대에 추가된 점 ∞에 해당한다.

비슷한 방법으로, 일반적인 차원의 실사영공간 $\mathbb{P}^n(\mathbb{R})$ 또는 $\mathbb{RP}^n$을 얻을 수 있다. 즉, $\mathbb{P}^n(\mathbb{R})$은

$$\mathbb{P}^n(\mathbb{R}) = \left\{ [x_0 : x_1 : \cdots : x_n] = [(x_0, x_1, \ldots, x_n)] \mid \begin{array}{r} (x_0, x_1, \ldots, x_n) \\ \in \mathbb{R}^{n+1} - \{(0,0,\ldots,0)\} \end{array} \right\}$$

로 정의된다. 특히, $n=2$인 경우에 다음과 같은 대응관계

$$\begin{array}{l} x \neq 0,\ [x:y:z] = \left[1 : \frac{y}{x} : \frac{z}{x}\right] \leftrightarrow \left(\frac{y}{x}, \frac{z}{x}\right) \in \mathbb{R}^2 \\ x = 0,\ [0:y:z] \leftrightarrow [y:z] \in \mathbb{P}^1(\mathbb{R}) \end{array}$$

이 성립한다. 또한 $\mathbb{P}^2(\mathbb{R})$을 2차원 단위구 S^2의 임의의 두 점 $\mathbf{x}, \mathbf{y}$에 대하여

$$\mathbf{x} \sim \mathbf{y} \Leftrightarrow \mathbf{y} = \mathbf{x} \text{ 또는 } \mathbf{y} = -\mathbf{x}$$

인 동치관계를 주어 얻어진 상공간으로도 볼 수 있고, 때때로 이 방법을 통해 $\mathbb{P}^2(\mathbb{R})$를 기하학적으로 더 잘 이해할 수 있다.

다음과 같은 성질이 성립한다.

보조정리 9.1

$\mathbb{P}^2(\mathbb{R})$의 임의의 서로 다른 두 직선은 항상 한 점에서 만난다.

증명 이를 증명하기 위해

$$U_z := \{[x:y:z] \in \mathbb{P}^2(\mathbb{R}) \mid (x,y,z) \in \mathbb{R}^3,\ z \neq 0\}$$
$$= \left\{\left[\frac{x}{z} : \frac{y}{z} : 1\right] \in \mathbb{P}^2(\mathbb{R}) \;\middle|\; (x,y) \in \mathbb{R}^2\right\}$$

라 하면, U_z의 임의의 점 $[x:y:z]$는 $\mathbb{R}^2$의 점 $\left(\frac{x}{z}, \frac{y}{z}\right)$에 대응하고 U_z에서 한 직선은

$$a\frac{x}{z} + b\frac{y}{z} + c = 0,\ \text{즉}\ ax + by + cz = 0$$

으로 주어진다. 사실 이 직선의 방정식은 $z = 0$인 경우까지 성립하므로

$$ax + by + cz = 0$$

이 $\mathbb{P}^2(\mathbb{R})$에서 직선을 나타낸다고 할 수 있다. 다만, $\lambda \neq 0$인 실수에 대하여 $\lambda(ax + by + cz) = 0$과 $ax + by + cz = 0$은 $\mathbb{P}^2(\mathbb{R})$에서 같은 직선을 나타낸다. 한편, $ax + by + cz = 0$과 $a'x + b'y + c'z = 0$이 $\mathbb{P}^2(\mathbb{R})$의 서로 다른 두 직선을 나타낼 필요충분조건은

$$A = \begin{bmatrix} a & b & c \\ a' & b' & c' \end{bmatrix}$$

가 계수 2을 가지는 것이고 한 점 $\overline{\mathbf{x}} \in \mathbb{P}^2(\mathbb{R})$가 두 직선의 공통점일 필요충분조건은 $\overline{\mathbf{x}}$가 A의 핵(kernel)의 원소인 것이다. 가정에 의해, 2×3-행렬 A의 계수는 2이므로 A는 $\mathbb{R}^3$에서 일차원 해의 공간을 가지고 있다. 따라서 $\mathbb{P}^2(\mathbb{R})$ 상에서는 이 해공간이 한 점이 되어 증명이 완료된다. ■

[보조정리 9.1]을 3차원 실사영공간 $\mathbb{P}^3(\mathbb{R})$로 확장할 수 있다. 즉 $\mathbb{P}^3(\mathbb{R})$의 임의의 서로 다른 두 실사영평면은 항상 한 직선을 따라 만난다. 이 사실의 자세한 증명은 생략한다.

9.2 쌍대공간

$\mathbb{F}$가 일반적인 체(field)이고 V가 $\mathbb{F}$상의 n차원 차원 벡터공간일 때, V에 대응하는 사영공간 $\mathbb{P}^n(V)$를 $\mathbb{R}$상이나 $\mathbb{C}$상에서 정의된 벡터공간 $\mathbb{R}^n$과 $\mathbb{C}^n$의 경우와 비슷한 방법으로 정의할 수 있다. 즉 $\mathbb{P}^n(V)$ 또는 간단히 $\mathbb{P}(V)$를 다음과 같이 정의한다.

$$\mathbb{P}(V) = V - \{0\}/\sim$$

단, 여기서 임의의 $\mathrm{u}, \mathrm{v} \in V$에 대하여 $\mathrm{u} \sim \mathrm{v} \Leftrightarrow \mathrm{u} = \lambda \mathrm{v}$, $\lambda \in \mathbb{F} - \{0\}$이다.

W가 V의 벡터 부분공간일 때, $\mathbb{P}(W)$는 $\mathbb{P}(V)$의 부분집합이다. 또한, $V^* = \mathrm{Hom}(V, \mathbb{F})$가 V의 쌍대공간일 때, 두 사영공간 $\mathbb{P}(V)$와 $\mathbb{P}(V^*)$는 서로 **쌍대관계**(dual)에 있다고 말한다. 정의에 의해, 임의의 점 $p \in \mathbb{P}(V^*)$는 V의 초평면 W를 결정하고, 그 역도 성립한다. 실제로 만약 $p \in \mathbb{P}(V^*)$의 대표원으로 $\tilde{p} \in V^*$를 택하면 W가 $\ker \tilde{p}$로 주어진다. 따라서 $\mathbb{P}((\mathbb{R}^3)^*)$의 임의의 점과 실사영직선은 각각 $\mathbb{P}(\mathbb{R}^3)$의 실사영직선과 점에 대응한다. 이로부터 $\mathbb{P}((\mathbb{R}^3)^*)$의 임의의 세 점이 모두 한 실사영직선에 놓여있을 필요충분조건이 세 점에 대응하는 $\mathbb{P}(\mathbb{R}^3)$의 세 개의 실사영직선이 한 점에서 만나는 것임을 알 수 있다.

유클리드 공간 $\mathbb{R}^n$은 다음과 같이 정의된 사상에 의해 $(\mathbb{R}^n)^*$와 동형이다.

$$\alpha : \mathbb{R}^n \to (\mathbb{R}^n)^*, \ u \mapsto \alpha(u)$$

단, 여기서 $\alpha(u)(v) = \langle v, u \rangle$, $v \in \mathbb{R}^n$이다. 따라서 $\mathbb{P}(\mathbb{R}^n)$과 $\mathbb{P}((\mathbb{R}^n)^*)$는 서로 미분동형이다.

이와 같은 사실을 이용하여, 다음과 같은 **데자르그의 정리**(Theorem of Desargues)를 증명할 수 있다.

정리 9.2

$\Delta p_1p_2p_3$와 $\Delta q_1q_2q_3$가 각각 꼭짓점으로 p_1, p_2, p_3와 q_1, q_2, q_3를 가진 $\mathbb{P}^2(\mathbb{R})$상에서 정의된 두 삼각형일 때, 만약 세 개의 실사영직선 $p_iq_i,\ i=1,2,3$가 한 점에서 만나면 세 개의 점

$$r_{ij} = p_ip_j \cap q_iq_j,\ i \neq j$$

가 모두 한 실사영직선에 놓여 있다.

증명 정리를 증명하기 위해, 2차원 실사영평면 $\mathbb{P}^2(\mathbb{R})$을 3차원 실사영공간 $\mathbb{P}^3(\mathbb{R})$의 부분공간으로 이해하면 편리하다. 예를 들어,

$$\mathbb{P}^2(\mathbb{R}) = \{[x:y:z:0] \in \mathbb{P}^3(\mathbb{R}) \mid x,y,z \in \mathbb{R}\} \subset \mathbb{P}^3(\mathbb{R})$$

라 가정해도 충분하다. 이때 $O \in \mathbb{P}^3(\mathbb{R})$가 $\mathbb{P}^2(\mathbb{R})$의 원소가 아닌 한 점(예를 들어, $[0:0:0:1]$)이고 세 실사영직선 $p_iq_i,\ i=1,2,3$가 한 점 v에서 만난다고 가정하자.

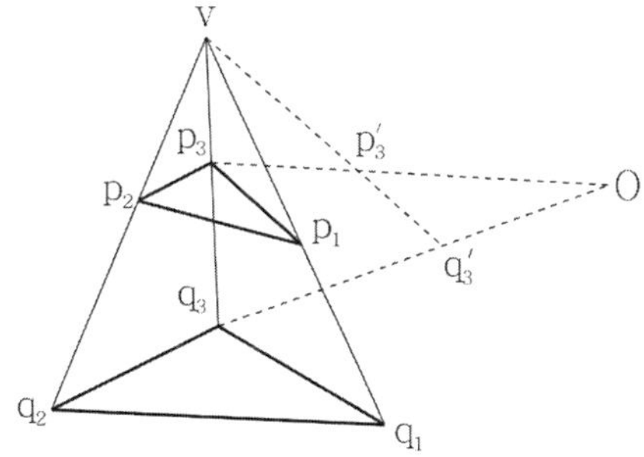

[그림 9.2]

그런 다음, 실사영직선 Oq_3상에서 한 점 $q_3' \neq q_3$를 택하자. 그러면 [**보조정리 9.1**]에 의해, 두 실사영직선 vq_3'과 Op_3가 한 점(예를 들어, p_3')에서 만난다

([그림 9.2]). 이때 두 삼각형 $\Delta p_1p_2p_3{}'$과 $\Delta q_1q_2q_3{}'$이 $\mathbb{P}^3(\mathbb{R})$에서 서로 다른 실사영평면에 놓여 있다. 따라서 이 두 실사영평면은 실사영직선 l를 따라 만난다. 또한 세 점 r_{ij}, $i \neq j$는 각각 세 점 $p_1p_2 \cap q_1q_2$, $p_1p_3{}' \cap q_1q_3{}'$, $p_2p_3{}' \cap q_2q_3{}'$의 2차원 실사영평면 $\mathbb{P}^2(\mathbb{R})$로의 사영점이다. 따라서 세 점 r_{ij}는 l를 O에서 $\mathbb{P}^2(\mathbb{R})$로 사영시킨 실사영직선상에 놓여 있다([그림 9.3]). ■

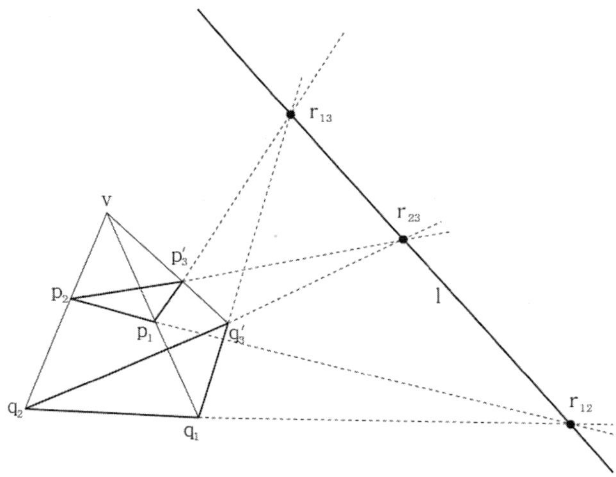

[그림 9.3]

[정리 9.2]에 대응하는 다음 정리를 사영공간의 쌍대관계를 이용하여 보일 수 있다.

정리 9.3

$\Delta l_1l_2l_3$와 $\Delta m_1m_2m_3$가 각각 세변으로 l_1, l_2, l_3와 m_1, m_2, m_3를 가진 $\mathbb{P}^2(\mathbb{R})$상에서 정의된 두 삼각형일 때, 만약 세 점 $l_i \cap m_i$, $i = 1, 2, 3$가 한 점에서 만나면 세 개의 실사영직선

$$l_{ij} = (l_i \cap l_j)(m_i \cap m_j),\ i \neq j$$

가 모두 한 점에서 만난다.

9.3 사영군

다음은 **사영군**(projective group)에 관해 알아보자. 이를 위해, $\mathbb{F}$을 일반적인 체(field)라 하고 V를 $\mathbb{F}$상의 n차원 벡터공간이라 하자. 이때 $T: V \to V$를 선형사상이라 하면 T는

$$\hat{T}: \mathbb{P}^n(V) \to \mathbb{P}^n(V)$$

을 유도한다. 특히, $T = \lambda Id\ (\lambda \neq 0)$이면 $\hat{T}$는 항등사상이다. 따라서 $\mathbb{P}^n(V)$의 **사영군** $PGL(n, \mathbb{F})$를

$$PGL(n, \mathbb{F}) = GL(n, \mathbb{F}) / \{\lambda Id \mid \lambda \neq 0\}$$

로 정의하는 것이 타당하다. **사영군** $PGL(n, \mathbb{F})$의 원소를 **사영변환** 또는 **사영사상**(projective transformation)이라 한다. 특히 $n = 2$이고 $\mathbb{F} = \mathbb{C}$일 때,

$$\begin{bmatrix} a & b \\ c & d \end{bmatrix} \in GL(2, \mathbb{C}),\ ad - bc \neq 0$$

와 $(z, w) \in \mathbb{C}^2 - \{(0,0)\}$에 대하여 $[az + bw : cz + dw]$는 $\mathbb{P}^1(\mathbb{C})$의 원소이다. 따라서 $w \neq 0$일 때, $\zeta = \dfrac{z}{w}$라 하면

$$\psi : \mathbb{P}^1(\mathbb{C}) - \left\{-\frac{d}{c}, [1:0]\right\} \to \mathbb{P}^1(\mathbb{C}) - \left\{\frac{a}{c}, [1:0]\right\},\ \zeta \mapsto [a\zeta + b : c\zeta + d]$$

가 된다.

한편, $\mathbb{P}^1(\mathbb{R})$의 경우와 같이 $\mathbb{P}^1(\mathbb{C})$를 복소수의 집합 $\mathbb{C}$에 무한대의 점 ∞을 추가하여 얻어진 $\mathbb{C} \bigcup \{\infty\}$와 동일시 할 수 있다. 즉 $\mathbb{P}^1(\mathbb{C})$와 $\mathbb{C} \bigcup \{\infty\}$가 서로 미분동형이다. 또한, 극사영을 이용하여 다음 보조정리를 증명할 수 있다.

보조정리 9.4

2차원 단위구 S^2가 복소 1차원 사영공간 $\mathbb{P}^1(\mathbb{C}) = \mathbb{C} \bigcup \{\infty\}$와 미분동형이다.

증명 S^2가 방정식 $x^2 + y^2 + (z-1)^2 = 1$에 의해 주어진다고 가정하고 증명해도 충분하다. 한편 북극점 $N = (0,0,2)$에서 극사영 φ를 구체적으로 계산하면

$$\varphi : S^2 - \{N\} \to \mathbb{C},\ \ \varphi(x,y,z) = 2\frac{x+yi}{2-z}$$

로 주어진다([그림 9.4]).

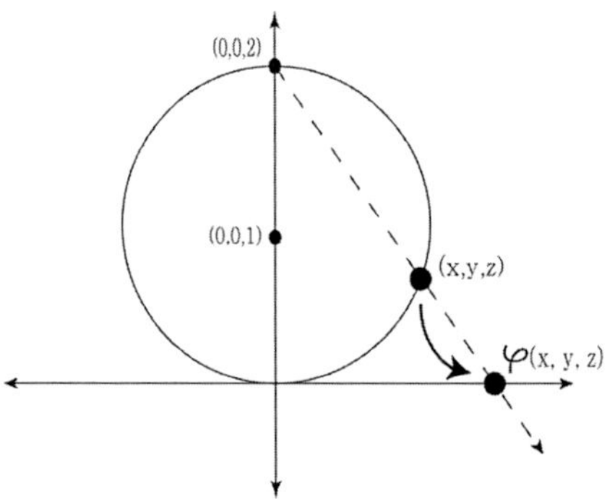

[그림 9.4]

따라서 위의 사상 φ를 한 점 N을 정의역 $S^2 - \{N\}$에 추가하여 S^2로 확장할 수 있고 이렇게 얻어진 사상 $\hat{\varphi}: S^2 \to \mathbb{C} \bigcup \{\infty\}$는 S^2와 $\mathbb{C} \bigcup \{\infty\} = \mathbb{P}^1(\mathbb{C})$ 사이의 미분동형사상이 된다. ■

$\mathbb{P}^1(\mathbb{C})$가 $\mathbb{C} \bigcup \{\infty\}$와 미분동형임을 이용하면, 위의 사상 ψ가 $\mathbb{P}^1(\mathbb{C})$의 위상동형사상

$$z \mapsto \frac{az+b}{cz+d}$$

를 유도함을 알 수 있다. 이때, 이 변환을 **분수선형변환**(fractional linear transformation) 또는 **뫼비우스변환**(Möbius transformation)이라 한다. 일반적으로 뫼비우스변환은 **등각사상**(conformal mapping)이고 원을 원으로 보내주는 성질이 있다.

정리 9.5

$f : \mathbb{P}^1(\mathbb{C}) \to \mathbb{P}^1(\mathbb{C})$를 뫼비우스변환이라 할 때, f는 등각사상이고 원을 원으로 보낸다.

증명 f와 f^{-1}은 모두 해석적 함수(analytic function)이므로 특히 등각사상이다. 또한, $\mathbb{C}\bigcup\{\infty\}$상의 임의의 원은

$$h(z) := Az\bar{z} + Bz + \overline{B}\bar{z} + C = 0,\ \ A, C \in \mathbb{R},\ B \in \mathbb{C}$$

로 주어진다. 따라서 뫼비우스변환에 의해 원이 원으로 다시 보내지는지 확인하기 위해서는

$$h\left(\frac{aw+b}{cw+d}\right) = 0$$

이 원의 방정식을 나타냄을 증명하면 된다. 하지만 이것은 직접 계산에 의해 어렵지 않게 보일 수 있으므로 자세한 증명을 생략한다. ■

다음 보조정리는 사영기하학의 중요한 불변량인 **복비**(cross-ratio)를 정의하기 위해 필요하다.

정리 9.6

$\{\mathrm{p}, \mathrm{q}, \mathrm{r}\}$과 $\{\mathrm{p}', \mathrm{q}', \mathrm{r}'\}$이 각각 1차원 사영공간 $\mathbb{P}^1(\mathbb{C})$의 서로 다른 세 점으로 이루어진 집합일 때, 다음 조건을 만족하는 유일한 사영변환 $f \in PGL(2, \mathbb{C})$가 존재한다.

$$f(\mathrm{p}) = \mathrm{p}',\ f(\mathrm{q}) = \mathrm{q}',\ f(\mathrm{r}) = \mathrm{r}'$$

증명 (1) **(존재성)** 정리의 증명을 위해 먼저, 임의의 서로 다른 세 점 p, q, r에 대하여 다음 조건을 만족하는 p, q, r의 대표원 $\tilde{p}, \tilde{q}, \tilde{r} \in \mathbb{C}^2$를 찾을 수 있음을 보인다.

$$\tilde{p} = \tilde{q} + \tilde{r}$$

실제로, 임의의 서로 다른 세 점 p, q, r에 대하여 임의의 대표원 $\widetilde{p_1}, \widetilde{q_1}, \widetilde{r_1} \in \mathbb{C}^2$을 택하자. 한편 q와 r이 서로 다르므로 $\widetilde{q_1}$와 $\widetilde{r_1}$가 $\mathbb{C}^2$의 기저 $\{\widetilde{q_1}, \widetilde{r_1}\}$가 되도록 택할 수 있다. 따라서 다음 등식을 만족하는 $\mathbb{C}$의 상수인 λ와 μ를 찾을 수 있다.

$$\widetilde{p_1} = \lambda\widetilde{q_1} + \mu\widetilde{r_1}$$

이때 $\tilde{p} = \widetilde{p_1}, \tilde{q} = \lambda\widetilde{q_1}, \tilde{r} = \mu\widetilde{r_1}$이라 놓으면 $\tilde{p} = \tilde{q} + \tilde{r}$를 만족하는 p, q, r의 대표원 $\tilde{p}, \tilde{q}, \tilde{r} \in \mathbb{C}^2$를 찾을 수 있다.

위의 사실을 이용하여, 다음 등식을 만족하는 p, q, r의 대표원 $\tilde{p}, \tilde{q}, \tilde{r} \in \mathbb{C}^2$와 p', q', r'의 대표원 $\widetilde{p'}, \widetilde{q'}, \widetilde{r'} \in \mathbb{C}^2$를 택하자.

$$\tilde{p} = \tilde{q} + \tilde{r},\ \widetilde{p'} = \widetilde{q'} + \widetilde{r'}$$

한편 $\{\tilde{q}, \tilde{r}\}$와 $\{\widetilde{q'}, \widetilde{r'}\}$이 $\mathbb{C}^2$의 기저이므로 다음 조건을 만족하는 정칙인 선형사상 $\tilde{f} : \mathbb{C}^2 \to \mathbb{C}^2$을 택할 수 있다.

$$\tilde{f}(\tilde{q}) = \widetilde{q'},\ \tilde{f}(\tilde{r}) = \widetilde{r'}$$

그러면 $\tilde{f}(\tilde{p}) = \widetilde{p'}$가 성립한다. 따라서 $\tilde{f}$에 의해서 유도된 사영사상 $f \in PGL(2, \mathbb{C})$가 다음 조건을 만족함을 알 수 있다.

$$f(p) = p',\ f(q) = q',\ f(r) = r'$$

(2) **(유일성)** 정리의 유일성을 증명하기 위해, 임의의 서로 다른 세 점 $p, q, r \in \mathbb{P}^1(\mathbb{C})$에 대하여 다음 조건을 만족하는 $f \in PGL(2, \mathbb{C})$가 항등사상임

을 보이면 충분하다.

$$f(\mathrm{p}) = \mathrm{p},\ f(\mathrm{q}) = \mathrm{q},\ f(\mathrm{r}) = \mathrm{r}$$

이를 보이기 위해 먼저, $\tilde{\mathrm{p}} = \tilde{\mathrm{q}} + \tilde{\mathrm{r}}$를 만족하는 $\mathrm{p}, \mathrm{q}, \mathrm{r}$과 f의 대표원인 $\tilde{\mathrm{p}}, \tilde{\mathrm{q}}, \tilde{\mathrm{r}} \in \mathbb{C}^2$과 정칙인 선형사상 $\tilde{f} : \mathbb{C}^2 \to \mathbb{C}^2$를 택하자. 그러면 사영사상의 정의에 의해,

$$\tilde{f}(\tilde{\mathrm{p}}) = \lambda\tilde{\mathrm{p}},\ \tilde{f}(\tilde{\mathrm{q}}) = \mu\tilde{\mathrm{q}},\ \tilde{f}(\tilde{\mathrm{r}}) = \nu\tilde{\mathrm{r}}$$

를 만족하는 $\mathbb{C}$의 상수인 λ, μ, ν가 존재한다. 따라서 다음 등식이 성립한다.

$$\lambda(\tilde{\mathrm{q}} + \tilde{\mathrm{r}}) = \lambda\tilde{\mathrm{p}} = \tilde{f}(\tilde{\mathrm{p}}) = \tilde{f}(\tilde{\mathrm{q}} + \tilde{\mathrm{r}}) = \tilde{f}(\tilde{\mathrm{q}}) + \tilde{f}(\tilde{\mathrm{r}}) = \mu\tilde{\mathrm{q}} + \nu\tilde{\mathrm{r}}$$

한편 $\{\tilde{\mathrm{q}}, \tilde{\mathrm{r}}\}$가 $\mathbb{C}^2$의 기저이므로 $\lambda = \mu = \nu$이다. 즉 $\tilde{f} = \lambda Id$이다. 따라서 f는 항등사상이다. ■

9.4 복비

이 절에서는 사영기하학의 중요한 불변량인 복비의 정확한 정의를 준다. 이를 위해, $\mathbb{P}^1(\mathbb{C})$의 세 점 $0, 1, \infty$가 중요한 역할을 하고, 이 세 점을 **표준기준점**(standard reference point)라 한다. 이 세 점은 동질좌표계를 이용하여 나타내면 각각 $[0:1], [1:1], [1:0] \in \mathbb{P}^1(\mathbb{C})$에 해당한다. 이때 임의의 $z \in \mathbb{C}$에 대하여, ∞와 관계된 식을 다음과 같은 방법으로 계산한다고 약속하기로 한다.

$$\pm z \pm \infty = \pm \infty \pm z = \pm \infty,\ \pm \frac{\infty}{\infty} = \pm 1$$

[정리 9.6]에 의해, 임의의 서로 다른 네 점 $\mathrm{p}, \mathrm{q}, \mathrm{r}, \mathrm{s} \in \mathbb{P}^1(\mathbb{C})$에 대하여 다음 조건을 만족하는 사영사상 $f \in PGL(2, \mathbb{C})$가 존재한다.

$$f(\mathrm{p}) = \infty,\ f(\mathrm{q}) = 0,\ f(\mathrm{r}) = 1$$

그러면 $f(\mathrm{s})$는 유일하게 결정된다. $f(\mathrm{s}) = \lambda \in \mathbb{P}^1(\mathbb{C})$일 때, λ를 $\mathrm{p}, \mathrm{q}, \mathrm{r}, \mathrm{s}$의 **복비**(cross-ratio)라 하고

$$\lambda = (\mathrm{pq}, \mathrm{rs}) \ \text{또는}\ \lambda = (\mathrm{p}, \mathrm{q}; \mathrm{r}, \mathrm{s})$$

로 나타낸다. f의 가정에 의해, 다음 등식이 성립함을 쉽게 보일 수 있다.

$$\lambda = \frac{(\infty - 1)(0-\lambda)}{(\infty-\lambda)(0-1)} = \frac{(f(\mathrm{p}) - f(\mathrm{r}))(f(\mathrm{q}) - f(\mathrm{s}))}{(f(\mathrm{p}) - f(\mathrm{s}))(f(\mathrm{q}) - f(\mathrm{r}))}$$

보조정리 9.7

임의의 서로 다른 네 점 $\mathrm{p}, \mathrm{q}, \mathrm{r}, \mathrm{s} \in \mathbb{P}^1(\mathbb{C})$에 대하여,

$$\mathrm{p} = [p_0 : p_1],\ \mathrm{q} = [q_0 : q_1],\ \mathrm{r} = [r_0 : r_1],\ \mathrm{s} = [s_0 : s_1]$$

이고

$$(\mathrm{p}, \mathrm{r}) = \begin{bmatrix} p_0 & r_0 \\ p_1 & r_1 \end{bmatrix},\ (\mathrm{q}, \mathrm{s}) = \begin{bmatrix} q_0 & s_0 \\ q_1 & s_1 \end{bmatrix},\ (\mathrm{p}, \mathrm{s}) = \begin{bmatrix} p_0 & s_0 \\ p_1 & s_1 \end{bmatrix},\ (\mathrm{q}, \mathrm{r}) = \begin{bmatrix} q_0 & r_0 \\ q_1 & r_1 \end{bmatrix}$$

이라 하자. 이때 $\mathrm{p}, \mathrm{q}, \mathrm{r}, \mathrm{s}$의 복비 λ가 다음과 같이 주어진다.

$$\begin{aligned} \lambda &= (\mathrm{pq}, \mathrm{rs}) = (f(\mathrm{p})f(\mathrm{q}), f(\mathrm{r})f(\mathrm{s})) \\ &= \frac{(\mathrm{p}-\mathrm{r})(\mathrm{q}-\mathrm{s})}{(\mathrm{p}-\mathrm{s})(\mathrm{q}-\mathrm{r})} \\ &= \frac{\det(\mathrm{p}, \mathrm{r})\det(\mathrm{q}, \mathrm{s})}{\det(\mathrm{p}, \mathrm{s})\det(\mathrm{q}, \mathrm{r})} \\ &= \frac{\det(f(\mathrm{p}), f(\mathrm{r}))\det(f(\mathrm{q}), f(\mathrm{s}))}{\det(f(\mathrm{p}), f(\mathrm{s}))\det(f(\mathrm{q}), f(\mathrm{r}))} \end{aligned}$$

증명 보조정리를 증명하기 위해, 임의의 $[z_0 : z_1] \in \mathbb{P}^1(\mathbb{C})$에 대하여 $\zeta = \dfrac{z_0}{z_1}$라 할 때 $f\left(\dfrac{p_0}{p_1}\right) = \infty$이고 $f\left(\dfrac{q_0}{q_1}\right) = 0$임을 이용하여 $f(\zeta)$가 다음과 같은 형태로 주

어진다고 가정해도 된다.

$$f(\zeta) = \frac{a\zeta + b}{c\zeta + d} = \frac{-q_1\zeta + q_0}{-p_1\zeta + p_0}$$

따라서 $f\left(\frac{r_0}{r_1}\right) = 1$이고 $q_0r_1 - q_1r_0 = p_0r_1 - p_1r_0$이므로 다음 등식이 성립한다.

$$\begin{aligned}\lambda = f\left(\frac{s_0}{s_1}\right) &= \frac{-q_1s_0 + q_0s_1}{-p_1s_0 + p_0s_1} \\ &= \frac{(-q_1s_0 + q_0s_1)}{(-p_1s_0 + p_0s_1)}\frac{(-p_1r_0 + p_0r_1)}{(-q_1r_0 + q_0r_1)} \\ &= \frac{\det(\mathrm{p},\mathrm{r})\det(\mathrm{q},\mathrm{s})}{\det(\mathrm{p},\mathrm{s})\det(\mathrm{q},\mathrm{r})} \\ &= \frac{\left(\frac{p_0}{p_1} - \frac{r_0}{r_1}\right)\left(\frac{q_0}{q_1} - \frac{s_0}{s_1}\right)}{\left(\frac{p_0}{p_1} - \frac{s_0}{s_1}\right)\left(\frac{q_0}{q_1} - \frac{r_0}{r_1}\right)} \\ &= \frac{(\mathrm{p}-\mathrm{r})(\mathrm{q}-\mathrm{s})}{(\mathrm{p}-\mathrm{s})(\mathrm{q}-\mathrm{r})}\end{aligned}$$

한편 f의 가정에 의해,

$$\det(f(\mathrm{p}), f(\mathrm{r})) = \det\begin{bmatrix}1 & -q_1r_0 + q_0r_1 \\ 0 & -p_1r_0 + p_0r_1\end{bmatrix} = -p_1r_0 + p_0r_1 = \det(\mathrm{p},\mathrm{r})$$

이고, 비슷한 방법으로 다음 등식이 성립함을 보일 수 있다.

$$\begin{aligned}\det(f(\mathrm{q}), f(\mathrm{s})) &= -q_1s_0 + q_0s_1 = \det(\mathrm{q},\mathrm{s}) \\ \det(f(\mathrm{p}), f(\mathrm{s})) &= -p_1s_0 + p_0s_1 = \det(\mathrm{p},\mathrm{s}) \\ \det(f(\mathrm{q}), f(\mathrm{r})) &= -q_1r_0 + q_0r_1 = \det(\mathrm{q},\mathrm{r})\end{aligned}$$

따라서

$$\begin{aligned}\lambda = f(\mathrm{s}) &= \frac{\det(\mathrm{p},\mathrm{r})\det(\mathrm{q},\mathrm{s})}{\det(\mathrm{p},\mathrm{s})\det(\mathrm{q},\mathrm{r})} \\ &= \frac{\det(f(\mathrm{p}), f(\mathrm{r}))\det(f(\mathrm{q}), f(\mathrm{s}))}{\det(f(\mathrm{p}), f(\mathrm{s}))\det(f(\mathrm{q}), f(\mathrm{r}))}\end{aligned}$$

이다. ■

9.5 사영변환과 고정점

임의의 사영변환 $f \in PGL(n+1, \mathbb{F})$에 대하여, $f(\mathrm{p}) = \mathrm{p}$를 만족하는 점 $\mathrm{p} \in \mathbb{P}^n(V)$를 f의 **고정점**(fixed point)이라 한다. 사영변환의 정의에 의해, p가 f의 고정점일 필요충분조건은 f의 대표원 $\tilde{f}: \mathbb{F}^{n+1} \to \mathbb{F}^{n+1}$와 p의 대표원 $\tilde{\mathrm{p}} \in \mathbb{F}^{n+1}$에 대하여 $\tilde{f}(\tilde{\mathrm{p}}) = \lambda\tilde{\mathrm{p}}$를 만족하는 $\lambda \in \mathbb{F}$가 존재하는 것이다.

$n=1$인 경우에 대하여, 항등사상이 아닌 사영변환은 고정점 집합의 형태에 따라 다음과 같이 분류할 수 있다.

정의 9.8

항등사상이 아닌 임의의 사영변환 $f \in PGL(2, \mathbb{F})$에 대하여, 다음이 성립한다.

(1) f가 고정점을 가지고 있지 않을 때, f를 **타원사영변환**(elliptic projective transformation)이라 한다.

(2) f가 정확하게 단 한 개의 고정점을 가지고 있을 때, f를 **포물사영변환**(parabolic projective transformation)이라 한다.

(3) f가 정확하게 두 개의 고정점을 가지고 있을 때, f를 **쌍곡사영변환**(hyperbolic 또는 loxodromic projective transformation)이라 한다.

[예제 9.9] $n=1$이고 $\mathbb{F}=\mathbb{C}$인 경우;

(i) 타원사영변환은 고정점을 가지고 있지 않다. 예를 들어, $\begin{bmatrix} 1 & 1 \\ 1 & 1 \end{bmatrix}$로 표현되는 사영변환은 고정점을 가지고 있지 않으므로 $\mathbb{P}^1(\mathbb{C})$의 쌍곡사영변환이다.

(ii) 포물사영변환은 정확하게 단 한 개의 고정점을 가지고 있다. 예를 들어, $\begin{bmatrix} 1 & 1 \\ 0 & 1 \end{bmatrix}$로 표현되는 사영변환은 정확하게 단 한 개의 고정점을 가지므로 $\mathbb{P}^1(\mathbb{C})$의 포

물사영변환이다.

(iii) 쌍곡사영변환은 정확하게 두 개의 고정점을 가지고 있다. 예를 들어, $\begin{bmatrix} 1 & 0 \\ 0 & 2 \end{bmatrix}$로 표현되는 사영변환은 정확하게 두 개의 고정점을 가지므로 $\mathbb{P}^1(\mathbb{C})$의 쌍곡사영변환이다. □

[예제 9.10] $n=1$이고 $\mathbb{F}=\mathbb{R}$인 경우;

$\begin{bmatrix} a & b \\ c & d \end{bmatrix}$가 $f \in PGL(2, \mathbb{R})$을 나타내는 2×2 행렬일 때, $\Delta = \det\begin{bmatrix} a & b \\ c & d \end{bmatrix}$, $t = \mathrm{tr}\begin{bmatrix} a & b \\ c & d \end{bmatrix}$라 하자. 이때 $\mathbb{P}^1(\mathbb{R})$의 사영변환을 다음과 같이 분류할 수 있다.

(i) 타원사영변환은 고정점을 가지고 있지 않는 경우로 다음 부등식을 만족할 때이다.

$$t^2 < 4\Delta$$

실제로, f가 고정점을 가지고 있지 않을 필요충분조건은 다음 등식을 만족하는 벡터 $\begin{bmatrix} p_1 \\ p_2 \end{bmatrix} \in \mathbb{R}^2$와 실수 λ가 존재하지 않는 것이다.

$$\begin{bmatrix} a & b \\ c & d \end{bmatrix}\begin{bmatrix} p_1 \\ p_2 \end{bmatrix} = \lambda \begin{bmatrix} p_1 \\ p_2 \end{bmatrix}$$

하지만 이것은 고유방정식

$$\begin{aligned} \det\begin{bmatrix} a-\lambda & b \\ c & d-\lambda \end{bmatrix} &= (a-\lambda)(d-\lambda) - bc \\ &= \lambda^2 - (a+d)\lambda + ad - bc \\ &= \lambda^2 - t\lambda + \Delta \\ &= 0 \end{aligned}$$

이 실수해를 가지지 않는 것과 동치이다. 따라서 이차방정식의 판별식 D를 이용하여, f의 고정점이 존재하지 않을 필요충분조건은 다음 부등식이 성립하는 것임을 알 수 있다.

$$D = t^2 - 4\Delta < 0 \Leftrightarrow t^2 < 4\Delta$$

비슷한 방법으로, 다음 두 가지 경우도 쉽게 증명할 수 있다.

(ii) 포물사영변환은 정확하게 단 한 개의 고정점을 가지는 경우로 다음 부등식을 만족할 때이다.

$$t^2 = 4\Delta$$

(iii) 쌍곡사영변환은 정확하게 두 개의 고정점을 가지는 경우로 다음 부등식을 만족할 때이다.

$$t^2 > 4\Delta$$

□

9.6 타원평면

체 F가 $\mathbb{R}$인 경우에는 n차원 사영공간 $\mathbb{P}^n(\mathbb{R})$의 등장군(isometry group)를 이해하기 편리한 거리함수(metric)가 존재한다. 이 절에서는 논의를 간단히 하기 위해, $n=2$인 경우인 타원평면에서 정의된 특별한 거리함수와 등장군에 관해 자세히 알아보는 기회를 갖는다.

정리 9.11

임의의 거리공간 X에 대하여, 다음이 성립한다.

(1) C가 연속함수 $\alpha : [0,1] \to X$의 상일 때, C를 **매개곡선**(parametrized curve) 또는 간단히 **곡선**(curve)이라 한다.

(2) X의 임의의 두 점 p, q에 대하여, p와 q를 잇는 최단거리를 주는 곡선을 **측지선**(geodesic)이라 한다.

[정의 9.11]에서 주어진 측지선의 정의는 아주 엄밀한 정의가 아니다. 예를 들어, 2차원 단위구(unit sphere) S^2상의 임의의 두 점 p, q를 잇는 측지선은 수학적인 엄밀한 정의에 의하면 그 두 점을 있는 대원(great circle)의 일부로 두 곡선으로 이루어져 있다. 위의 정의에 의하면 이 두 곡선 중에서 최단거리를 주는 대원의 일부만이 측지선이 된다.

앞에서 언급된 바와 같이, 2차원 사영평면 $\mathbb{P}^2(\mathbb{R})$을 단위구 S^2에 다음과 같은 동치관계 $\sim$를 주어 상공간 $S^2/\sim$로 정의할 수 있다.

$$\mathrm{x} \sim \mathrm{y} \Leftrightarrow \mathrm{x} = \mathrm{y} \text{ 또는 } \mathrm{x} = -\mathrm{y}$$

이때 S^2상의 **표준거리함수**(standard metric)는 위의 동치관계에 관해 보존된다. 따라서 이 표준거리함수를 이용하여 $\mathbb{P}^2(\mathbb{R})$상에 자연스러운 거리함수를 정의할 수 있다. 그러면 $\mathbb{P}^2(\mathbb{R})$의 넓이는 S^2의 넓이 4π의 반인 2π가 된다. 또한 $\mathbb{P}^2(\mathbb{R})$상에서 가장 길이가 긴 측지선의 길이는 S^2의 대원의 길이 2π의 반인 π이다. 이와 같은 거리함수가 주어진 2차원 사영평면 $\mathbb{P}^2(\mathbb{R})$를 **타원평면**(elliptic plane)이라 한다. 임의의 $n \in \mathbb{N}$에 대하여, 이와 같이 거리함수가 주어진 n차원 사영공간 $\mathbb{P}^n(\mathbb{F})$를 앞으로 간단히 P^n으로 나타내고, 특별한 언급이 없으면 $\mathbb{F}$는 보통 $\mathbb{C}$이거나 또는 $\mathbb{R}$을 나타낸다.

정의에 의해, 타원평면의 등장사상은 타원평면에서 정의된 거리함수를 보존하는 사영변환이다. 다시 말해서, P^2의 등장사상은 S^2의 등장사상으로부터 얻어진다. 한편 S^2의 등장사상은 3차원 직교군 $O(3)$이다. 따라서 $\pi : GL(3,\mathbb{R}) \to PGL(3,\mathbb{R})$을 **고유사상**(canonical map)이라 할 때, P^2의 등장군은 $\pi(O(3))$이고, $\pi(O(3))$를 $PO(3)$로 나타낸다. E_3가 3×3-단위행렬을 나타낼 때,

$$PO(3) \cong O(3)/\{\pm E_3\}$$

임을 알 수 있다. 한편 $O(3) \cong SO(3) \times \{\pm E_3\}$이므로 $PO(3) \cong SO(3)$이다. 하지만 일반적인 $n \in \mathbb{N}$에 대하여 $PO(n)$이 $SO(n)$과 동형인 것은 아니다. 실제로, 임의의 짝수 $n \in \mathbb{N}$에 대하여, $PO(n)$은 두 개의 연결성분을 가지고 있으나 $SO(n)$은 항상 하나의 연결성분만을 가지고 있음은 잘 알려진 사실이다.

특히 $n=1$인 경우에도 위와 같은 논의가 성립한다. 따라서 1차원 사영공간 P^1의 등장군 $PO(2)$는 다음 등식을 만족한다.

$$PO(2) \cong O(2)/\{\pm E_2\}$$

단, 여기서 E_2는 2×2-단위행렬을 나타낸다.

정리 9.12

1차원 사영공간 P^1의 항등사상이 아닌 등장사상은 타원사영변환이거나 또는 쌍곡사영변환이다. 특히, $PGL(2, \mathbb{R})$의 포물사영변환은 P^1의 등장사상으로 나타나지 않는다.

증명 $PO(2)$의 한 연결성분인 $SO(2)/\{\pm E_2\}$는 S^1의 회전이동에 대응하므로 고정점이 존재하지 않는다. 따라서 $SO(2)/\{\pm E_2\}$는 타원사영변환으로 이루어져 있다. 한편 $PO(2)$의 또 다른 연결성분은 S^1의 대칭이동에 대응하므로 정확하게 두 개의 고정점을 P^1에 가진다([그림 9.5]에서 p와 q가 l에 관한 대칭이동의 고정점이다).

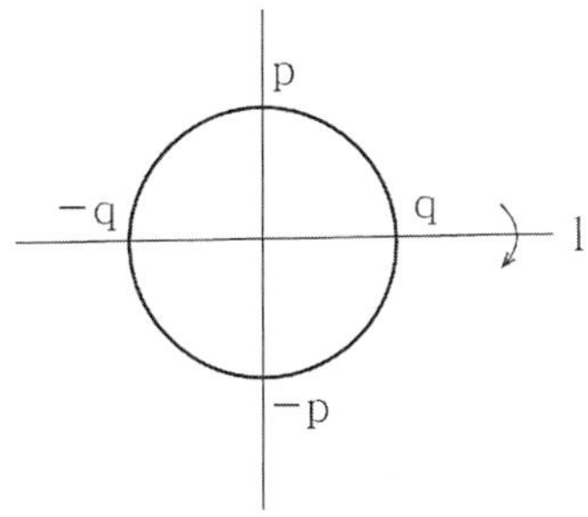

[그림 9.5]

따라서 이 성분에 속하는 사영변환은 모두 쌍곡사영변환이다. 위의 논의에 의해, $PGL(2, \mathbb{R})$의 포물사영변환은 P^1의 등장사상으로 나타나지 않는다. ■

보조정리 9.13

Δ가 세 내각으로 α, β, γ를 가진 2차원 타원평면 P^2상에서 정의된 삼각형일 때, Δ의 넓이 $\mathrm{Area}(\Delta)$는 다음과 같이 주어진다.

$$\mathrm{Area}(\Delta) = (\alpha + \beta + \gamma) - \pi$$

증명 정의에 의해, Δ는 단위구 S^2의 세 대원 l, m, n에 대응하는 사영직선의 일부로 둘러싸여 있다. 한편 $\mathrm{Area}(\Delta)$는 S^2상에서 l, m, n에 의해 둘러싸인 삼각형의 넓이 $(\alpha + \beta + \gamma) - \pi$와 같다([그림 9.6]).

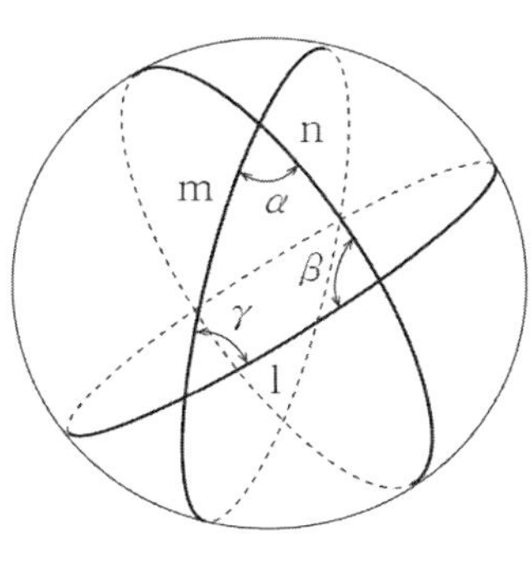

[그림 9.6]

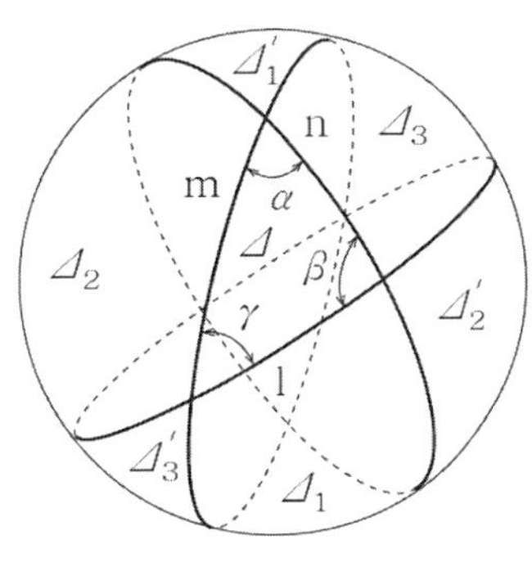

[그림 9.7]

실제로, 두 대원 m, n에 의해 둘러싸인 반달모양(lune)의 영역의 넓이는

$$4\pi \times \frac{\alpha}{2\pi} = 2\alpha$$

이다. 비슷하게, 다음 등식이 성립한다([그림 9.7]).

$$\mathrm{Area}(\Delta) + \mathrm{Area}(\Delta_1) = 2\alpha, \ \mathrm{Area}(\Delta) + \mathrm{Area}(\Delta_2) = 2\beta,$$

$$\mathrm{Area}(\Delta) + \mathrm{Area}(\Delta_2) = 2\gamma,$$

$$\mathrm{Area}(\Delta) + \mathrm{Area}(\Delta_1) + \mathrm{Area}(\Delta_2) + \mathrm{Area}(\Delta_3) = 2\pi$$

따라서 $2\mathrm{Area}(\Delta) + 2\pi = 2\alpha + 2\beta + 2\gamma$이다. 즉 다음 등식이 성립한다.

$$\mathrm{Area}(\Delta) = (\alpha + \beta + \gamma) - \pi$$ ■

9.7 사영원뿔곡선

원뿔곡선(conic section)은 역사적으로 고대 그리스 시대부터 연구되어 온 연구주제 중의 하나이다. 특히 이것은 $x^3 = 2$를 만족하는 x를 기하학적으로 구성하기 위한 문제와 관련된 **델리안 문제**(또는 **델로스 문제**, Delian problem) 또는 **입방체적문제**(doubling the cube)를 해결하기 위해 고안된 것처럼 보인다. 입방체적문제는 원과 같은 면적을 가진 정사각형을 눈금이 없는 자와 컴퍼스만으로 작도하는 문제인 **원적문제**(squaring the circle)와 주어진 각을 눈금이 없는 자와 컴퍼스만으로 같은 크기의 세 각으로 나누는 문제인 **각의 3등분 문제**(trisecting the angle)와 더불어 **기하학의 3대 작도 불가능 문제** 중의 하나이다. 피에르 방첼(Pierre Wantzel)은 1837년에 위의 세 가지 문제가 컴퍼스와 자만으로 작도가 불가능한 문제임을 현대대수학의 체 이론(field theory)을 이용하여 증명하였다.

입방체적문제는 델로스 시민들에 관한 이야기에서 그 이름이 유래했다. 델로스

(Delos) 시민은 아폴로가 보낸 전염병을 물리칠 방법으로 아폴론의 제단 크기를 두 배의 크기로 늘려서 만들기를 원했다. 하지만 그 당시에 델로스 섬 주민인 델리안들에게 이 문제는 해결하기에 어려운 난제였다.

$x^3 = 2$를 만족하는 x를 기하학적으로 찾기 위해, 기원전 4세기에 메나이크모스(Menaechmus)가 제시했던 한 가지 방법은 두 개의 포물선 $x^2 = y$와 $y^2 = 2x$의 교점을 이용하는 것이었다. 실제로, 위의 두 포물선의 방정식을 동시에 만족하는 x를 구하기 위해 두 방정식을 연립하여 풀면 다음 등식을 얻을 수 있다.

$$2x = y^2 = (x^2)^2, \text{ 즉 } x(x^3 - 2) = 0$$

따라서 $x \neq 0$일 때, $x^3 = 2$를 만족하는 x를 기하학적으로 쉽게 찾을 수 있다. 그리스인들은 입방체적문제를 해결하기 위해 이 해결책 이외에도 여러 가지 다양한 방법을 제시하였음이 알려져 있다.

원뿔곡선은 원뿔과 평면의 교선으로 주어진다. 실제로, S를 유클리드 공간 $\mathbb{R}^3$상에서 정의된 원뿔면 $x^2 + y^2 = z^2$이라 할 때, S의 꼭짓점 v는 원점 $(0, 0, 0)$이다. $\mathbb{R}^3$상에 놓여 있는 평면 Π와 S의 교집합 $S \cap \Pi$는 Π의 위치에 따라 다음과 같이 다양하게 나타난다.

(1) $v \in \Pi$인 경우에는 다음 세 가지 경우가 성립한다.
   - (i) $S \cap \Pi$는 한 점이다.
   - (ii) Π가 S의 모선(ruling)을 따라 만날 때, $S \cap \Pi$는 직선이다.
   - (iii) Π가 S의 두 모선을 따라 만날 때, $S \cap \Pi$가 두 개의 직선으로 이루어져 있다.

(2) $v \notin \Pi$인 경우에는 Π'이 $v \in \Pi'$을 만족하는 Π에 평행한 새로운 평면일 때, Π'은 위의 (1)의 세 가지 경우 중 한 가지를 만족한다. Π'이 만족하는 (1)의 세 가지 경우에 대응하여 다음의 경우가 각각 성립한다([그림 9.8]).

(i) $S \cap \Pi'$이 한 점일 때, Π가 S와 **타원**(ellipse)을 따라 만난다.

(ii) $S \cap \Pi'$이 한 모선일 때, Π가 S와 **포물선**(parabola)을 따라 만난다.

(iii) $S \cap \Pi'$이 두 모선으로 이루어져 있을 때, Π가 S와 **쌍곡선**(hyperbola)을 따라 만난다.

[그림 9.9]에서는 $0 < \alpha < \beta \leq \frac{\pi}{2}$일 때 $S \cap \Pi$은 타원이다. 그리고 $\beta = \alpha$일 때 $S \cap \Pi$은 포물선이고, $0 \leqq \beta < \alpha$일 때 $S \cap \Pi$은 쌍곡선이 된다.

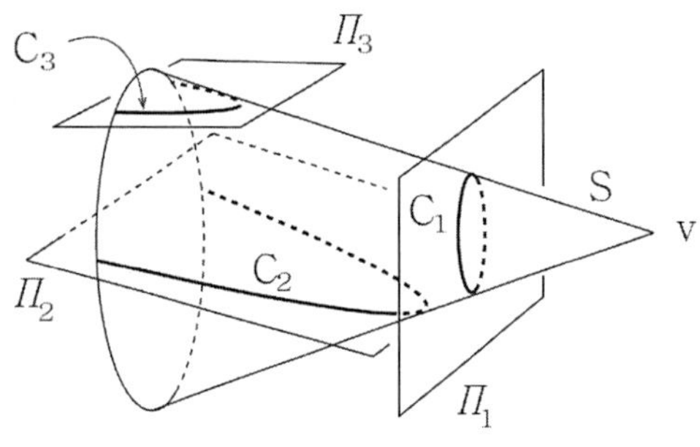

[그림 9.8]

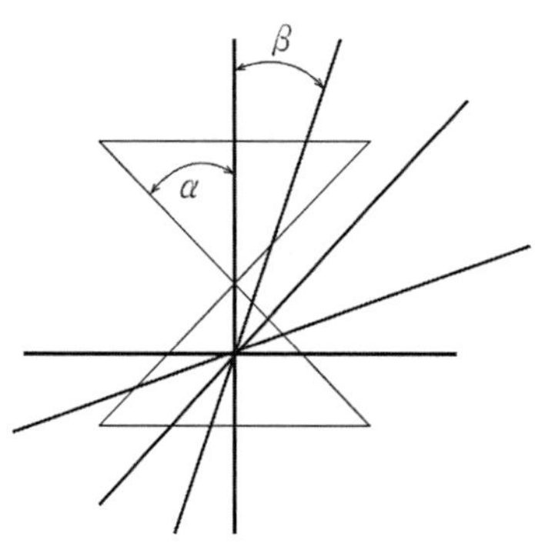

[그림 9.9]

꼭짓점 v로부터 사영사상을 이용하여 한 원뿔곡선을 다른 원뿔곡선으로 대응시킬 수 있으므로 2차원 사영평면 P^2에 있는 모든 원뿔곡선은 한 가지 유형인 타원으로 볼 수 있다. 실제로, 2차원 사영평면 P^2에서 원뿔곡선 C와 무한대에 놓여 있는 1차원 사영직선과의 상대적인 위치 관계에 따라 C를 다음과 같이 분류할 수 있다.

(1) C가 무한대에 놓여 있는 1차원 사영직선과 만나지 않을 때, C는 타원이다.

(2) C가 무한대에 놓여 있는 1차원 사영직선과 한 점에서 만날 때, C는 포물선이다.

(3) C가 무한대에 놓여 있는 1차원 사영직선과 두 점에서 만날 때, C는 쌍곡선이다.

하지만, 무한대에 놓여 있는 1차원 사영직선을 적절히 택하여 P^2상에 놓여 있는 모든 원뿔곡선이 타원과 같음을 알 수 있다. 또한 P^2상에 놓여 있는 타원은 위상적으로 원과 같지만 1차원 사영직선은 될 수 없다. 실제로, $P^2 - P^1$은 연결공간으로 위상적으로 열린원판(open disk)이지만 P^2에서 타원 C를 제외한 영역은 두 개의 연결성분으로 구성된 비연결공간으로 위상적으로 뫼비우스 띠와 열린원판의 합집합으로 이루어져 있다. 따라서 타원은 1차원 사영직선과 같지 않다.

2차원 유클리드 공간 $\mathbb{R}^2$에서 정의된 원뿔곡선은 다음과 같은 2차 다항식의 해로 주어진다.

$$p(x,y) = ax^2 + by^2 + 2dy + 2ey + 2fxy + c = 0,\ \ a, b, c, d, e, f\text{는 실수의 상수}$$

한편 2차원 사영평면 P^2의 부분집합을 정의하는 다항식은 항상 동차 다항식(homogeneous polynomial)이다. 따라서 위의 다항식 $p(x,y)$로부터 P^2상에서 잘 정의된 원뿔곡선을 얻기 위해서는 새로운 변수 z를 도입하여 다음과 같이 $p(x,y)$를 2차의 동차 방정식으로 만들어야 한다.

$$\begin{aligned} q(x,y,z) &= ax^2 + by^2 + cz^2 + 2dyz + 2exz + 2fxy \\ &= \begin{bmatrix} x \\ y \\ z \end{bmatrix}^T A \begin{bmatrix} x \\ y \\ z \end{bmatrix} = 0,\ \ A = \begin{bmatrix} a & f & e \\ f & b & d \\ e & d & c \end{bmatrix} \end{aligned}$$

사실, $[x : y : z]$가 P^2의 동질좌표계이고 $z = 1$일 때,

$$\{[x:y:1] \in P^2 \mid x, y \in \mathbb{R}\} \cong \mathbb{R}^2,\ [x:y:1] \to (x,y)$$

이고 $q(x,y,1) = p(x,y) = 0$이 성립하다. 또한 $z = 0$일 때,

$$\{[x:y:0] \in P^2 \mid x, y \in \mathbb{R}\}$$

은 무한대에 놓여 있는 1차원 사영직선 P^1이 된다. 위의 정의에 의해, 원뿔곡선

$$C = p^{-1}(0) \subset \mathbb{R}^2 \hookrightarrow P^2$$

이다. 한편, 0이 p의 정칙값일 필요충분조건은 A가 정칙 즉, $\det(A) \neq 0$일 때이다.

위의 논의에 의해, P^2상에 놓여 있는 원뿔곡선은 이차형식 q에 의해 주어진다.

(1) $\mathbb{F} = \mathbb{R}$인 경우: 이차형식 q는 대칭행렬 A의 계수(rank)와 부호(signature)에 의해 완벽하게 결정되고, A가 대칭행렬이므로 A를 실수상에서 항상 대각화할 수 있다. 따라서 다음 표가 성립한다.

계수	부호	표준형	원뿔곡선
3	3	$x^2 + y^2 + z^2 = 0$	$\varnothing$ (공집합)
3	1	$x^2 + y^2 - z^2 = 0$	비퇴화적(non-degenerate) 또는 정칙(non-singular) 사영원뿔곡선
2	2	$x^2 + y^2 = 0$	한 점 $[0:0:1]$
2	0	$x^2 - y^2 = 0$	$[0:0:1]$에서 만나는 두 직선 $[x:\pm x:1]$
1	1	$x^2 = 0$	중복도 2를 가진 1차원 사영직선 $\{[0:a:b] \in P^2 \mid a, b \in \mathbb{R}\}$

(2) $\mathbb{F}=\mathbb{C}$인 경우: 이차형식 q는 계수에 의해서만 완벽하게 결정된다.

계수	표준형	원뿔곡선
3	$x^2+y^2+z^2=0$	정칙 사영원뿔곡선
2	$x^2+y^2=0$	$[0:0:1]$에서 만나는 두 직선 $[x:\pm xi:1]$
1	$x^2=0$	중복도 2를 가진 1차원 사영직선 $\{[0:a:b]\in\mathbb{P}^2(\mathbb{C})\mid a,b\in\mathbb{C}\}$

9.8 극성

이 절에서 설명하고자 하는 **극성**(polarity)은 임의의 n차원 사영공간 $\mathbb{P}^n(\mathbb{F})$에서 성립하지만, 논의를 간단히 하기 위해 이 책에서는 $n=2$이고 $\mathbb{F}=\mathbb{R}$인 경우만 자세히 다룬다.

정리 9.14

A가 3×3-대칭행렬이고 C가 $\mathrm{x}^T A\mathrm{x}=0$으로 주어진 P^2상의 정칙 사영원뿔곡선일 때, 다음이 성립한다.

(1) 임의의 두 점 $\mathrm{a},\mathrm{b}\in P^2$가 $\mathrm{a}^T A\mathrm{b}=0$을 만족하면 a와 b가 C에 관해 **극점의 관계**에 있다고 말한다.

(2) 임의의 $\mathrm{a}\in P^2$에 대하여, 다음과 같이 정의된 집합 l을 **a에 관한 극선**(polar line)이라 한다.

$$l=\{\mathrm{x}\in P^2\mid \mathrm{a}^T A\mathrm{x}=0\}$$

만약 $\mathrm{a}^T A\mathrm{b}=0$이면 $\mathrm{b}^T A\mathrm{a}=0$이므로 a와 b가 극점의 관계에 있으면 b와 a가 또

한 극점의 관계에 있게 된다. 뿐만 아니라, C상의 임의의 점 a는 $\mathrm{a}^T A\mathrm{a}=0$을 만족하므로 a는 a 자신과 항상 극점의 관계에 있다.

임의의 두 점 $\mathrm{a}, \mathrm{b} \in P^2$를 잇는 직선 l의 방정식은 $\mathrm{a}+\lambda\mathrm{b}$의 형태로 주어진다. 단, 여기서 $\lambda \in \mathbb{R} \cup \{\infty\}$이다. 이 장의 처음 부분의 논의에 의해 $\lambda=\infty$일 때 l에 해당하는 점은 b이다. 이때 l과 C가 만나는 점은 λ에 관해 다음 이차방정식을 만족한다.

$$0=(\mathrm{a}+\lambda\mathrm{b})^T A(\mathrm{a}+\lambda\mathrm{b})=\mathrm{a}^T A\mathrm{a}+2\lambda\mathrm{b}^T A\mathrm{a}+\lambda^2\mathrm{b}^T A\mathrm{b}$$

위의 이차방정식의 해의 개수는 0이거나 1이거나 또는 2이다. 만약 위의 이차방정식이 정확하게 한 개의 해 λ_0를 가지면 l이 C와 $\mathrm{a}+\lambda_0\mathrm{b}$에서 **접한다(tangent)**고 말한다. 이차방정식의 근의 공식에 의해, 위의 이차방정식이 단 한 개의 근을 가질 필요충분조건은

$$(\mathrm{a}^T A\mathrm{a})(\mathrm{b}^T A\mathrm{b})=(\mathrm{b}^T A\mathrm{a})^2$$

이다. 따라서 만약 $\mathrm{b} \in C$이면 b에서 C에 접하는 접선의 방정식은 $\mathrm{b}^T A\mathrm{x}=0$으로 주어진다.

극선에 관해 다음 정리가 성립한다,

보조정리 9.15

A가 3×3-대칭행렬이고 C가 $\mathrm{x}^T A\mathrm{x}=0$으로 주어진 P^2상의 정칙 사영원뿔곡선일 때, l_1과 l_2가 $\mathrm{a} \in P^2$를 통과하는 C의 두 접선이라고 하자. 각각의 $i=1,2$에 대하여 b_i가 l_i와 C의 교점일 때, 점 a에 관한 극선은 b_1과 b_2를 지나가는 직선이다([그림 9.10]).

증명 점 $a \in P^2$가 두 직선 l_1과 l_2에 놓여 있으므로 다음 두 등식이 성립한다.

$$b_1^T A a = b_2^T A a = 0, \text{ 즉 } a^T A b_1 = a^T A b_2 = 0$$

따라서 b_1과 b_2는 모두 a에 관한 극선에 놓여 있다. ■

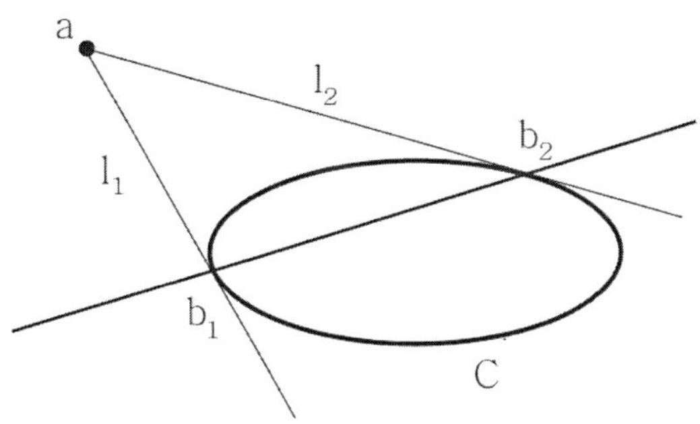

[그림 9.10]

점 a가 사영원뿔곡선 C의 내부에 놓여 있는 경우에는 다음 보조정리가 성립한다.

보조정리 9.16

A가 3×3-대칭행렬이고 C가 $x^T A x = 0$으로 주어진 P^2상의 정칙 사영원뿔곡선일 때, l_1과 l_2가 $a \in P^2$를 통과하는 두 직선으로 C와 각각 두 점 b_1, b_1'과 b_2, b_2'에서 만난다고 하자. 각각의 $i = 1, 2$에 대하여 b_i와 b_i'에서 C의 두 접선이 c_i에서 만날 때, 점 a에 관한 극선은 c_1과 c_2를 지나가는 직선이다([그림 9.11]).

증명 가정에 의해, l_1이 점 c_1에 관한 극선이고 l_2가 점 c_2에 관한 극선이므로 다음 등식이 성립한다.

$$c_1^T A a = c_2^T A a = 0, \text{ 즉 } a^T A c_1 = a^T A c_2 = 0$$

따라서 임의의 $\lambda \in \mathbb{R} \cup \{\infty\}$에 대하여 $a^T A(c_1 + \lambda c_2) = 0$가 성립한다. 다시 말해서, c_1과 c_2를 지나가는 직선이 점 a에 관한 극선이다. ■

점 a가 사영원뿔곡선 C에 놓여 있는 경우에는 a에서 C의 접선이 바로 a의 극선이 된다.

정의 9.17

P^2상의 정칙인 사영원뿔곡선 C에 대하여, 삼각형 Δabc의 각 변이 마주보는 꼭짓점의 극선일 때 Δabc를 **자기극삼각형**(self-polar triangle)이라 한다.

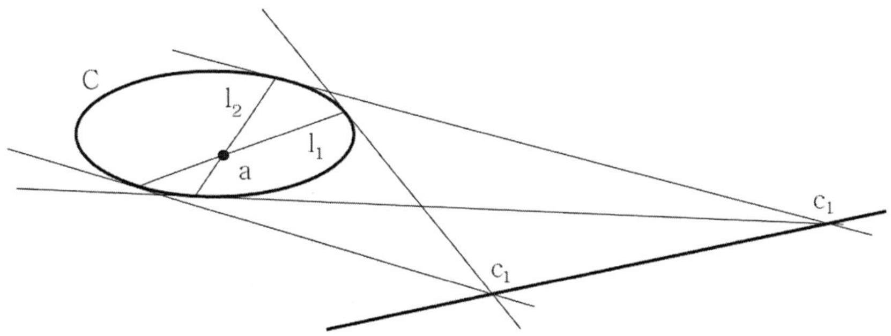

[그림 9.11]

다음 보조정리가 성립한다.

보조정리 9.18

P^2상의 정칙인 사영원뿔곡선 C에 대하여, C에 관해 자기극삼각형이 항상 존재한다.

증명 증명을 위해, 먼저 a $\notin C$를 만족하는 점 a$\in P^2$를 택하고 l를 a에 관한 극선이라 하자. 그런 다음, b$\in l$와 b $\notin C$를 만족하는 점 b$\in P^2$를 택하고 m을 b의 극선이라 하자([그림 9.12]). 그러면 **[보조정리 9.16]**에 의해 m이 a를 통과한다. l과 m의 교점을 c라 할 때, 삼각형 Δabc는 자기극삼각형이 된다. ■

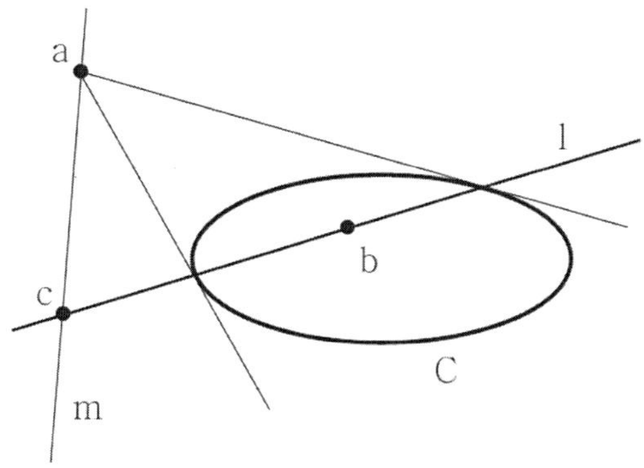

[그림 9.12]

보조정리 9.19

$A=(a_{ij})$가 3×3-대칭행렬이고 C가 $\mathrm{x}^T A\mathrm{x}=0$으로 주어진 P^2상의 정칙 사영원뿔곡선일 때,

$$\mathrm{a}=[1:0:0]=\mathrm{e}_1,\ \mathrm{b}=[0:1:0]=\mathrm{e}_2,\ \mathrm{c}=[0:0:1]=\mathrm{e}_3$$

이라 하자. 이때 삼각형 $\Delta\mathrm{abc}$가 C에 관해 자기극삼각형일 필요충분조건은 A가 대각행렬인 것이다.

증명 ($\Rightarrow$) 가정의 의해, 다음 등식이 성립한다.

$$a_{ij}=\mathrm{e}_i^T A\mathrm{e}_j=0,\ 1\le i\ne j\le 3$$

따라서 A가 대각행렬이다.

($\Leftarrow$) 그 역도 비슷하게 증명된다. ■

서로 다른 네 점에서 만나는 P^2상의 두 사영원뿔곡선 C_1, C_2에 대하여, C_1과 C_2 모두에 관해 자기극삼각형이 되는 삼각형이 유일하게 존재한다. 이를 증명하기 위해, 먼저 다음 정의가 필요하다.

정의 9.20

P^2상에서 직선 l_1 위에 놓여 있는 두 점 a, b와 직선 l_2 위에 놓여 있는 두 점 c, d에 대하여, 만약 복비 $(a, b; c, d) = -1$이면 두 순서쌍 (a, b)와 (c, d)가 **조화관계** (harmonic relation)에 있다고 한다.

보조정리 9.21

두 순서쌍 (a, b)와 (c, d)가 조화관계에 있을 필요충분조건은

$$(a, b; c, d) = (b, a; c, d)$$

이다.

증명 정의에 의해, 만약 $\lambda = (a, b; c, d)$이면 $(b, a; c, d) = \lambda^{-1}$이다. 또한, a, b, c, d가 서로 다르면 $\lambda \neq 1$이다.

($\Rightarrow$) 가정에 의해, $\lambda = -1$이므로 $\lambda^{-1} = -1$이다. 따라서 다음 등식이 성립한다.

$$(a, b; c, d) = (b, a; c, d)$$

($\Leftarrow$) 가정이 의해 $\lambda = \lambda^{-1}$이다. 한편 $\lambda \neq 1$이므로 $\lambda = -1$이다. 즉 두 순서쌍 (a, b)와 (c, d)가 서로 조화관계에 있다. ■

a와 b가 P^2의 임의의 두 점일 때, ab는 a와 b를 잇는 직선을 나타낸다.

보조정리 9.22

a, b, c, d가 P^2의 임의의 서로 다른 네 점일 때, p, q, r, s, t가 다음과 같다.

$$p = ad \cap bc, \ q = ac \cap bd, \ r = ab \cap cd, \ s = qr \cap ad, \ t = qr \cap bc$$

이때 다음 등식이 성립한다.

$$(q, r; s, t) = -1$$

증명 증명을 위해, $u = pq \cap ab$이고 $v = pq \cap cd$라 하자. 복비는 사영변환에 의해

불변이므로 점 p로부터의 사영사상과 점 q로부터의 사영사상을 이용하여 다음 등식이 성립함을 쉽게 알 수 있다([그림 9.13]).

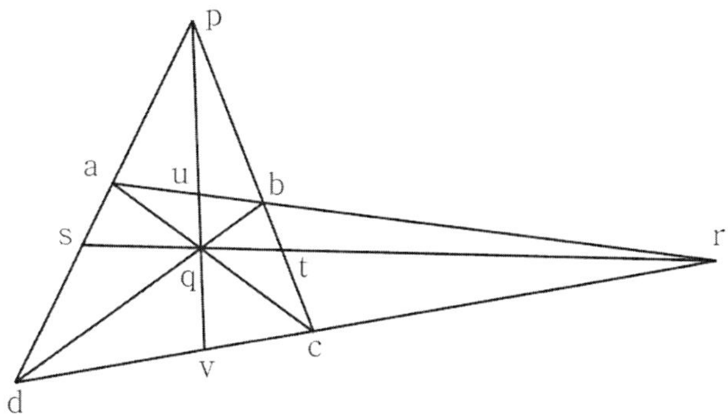

[그림 9.13]

$(q, r; s, t) = (v, r; d, c)$, $(v, r; d, c) = (u, r; b, a)$, $(u, r; b, a) = (q, r; t, s)$

따라서 **[보조정리 9.21]**에 의해 $(q, r; s, t) = -1$이다. ■

보조정리 9.23

C가 P^2상에서 정의된 정칙 사영원뿔곡선이고 l이 점 $a \in P^2$의 극선일 때, a를 통과하는 직선 m이 l과 b에서 만나고 C와 c와 d에서 만난다고 하자([그림 9.14]).

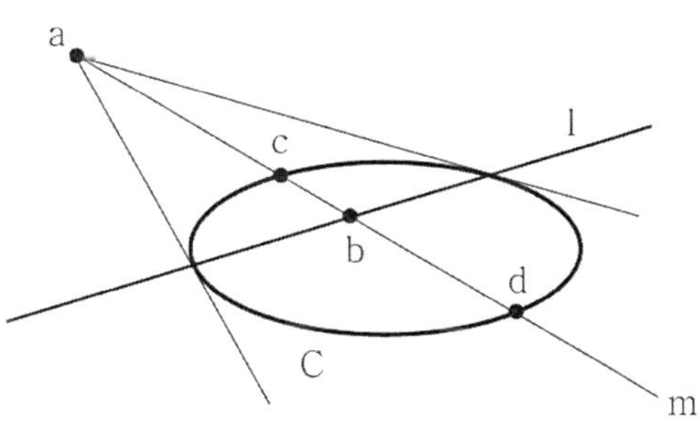

[그림 9.14]

이때 두 순서쌍 (a, b)와 (c, d)가 조화관계에 있다. 역으로, 두 순서쌍 (a, b)와 (c, d)가 조화관계에 있으면 b가 l과 m의 교점이다.

증명 증명을 위해, 일반성을 잃지 않고 c = [1 : 0 : 0], d = [0 : 1 : 0], 그리고

$$m = \{[x : y : 0] \in P^2 \mid x, y \in \mathbb{R}\}$$

라 가정해도 된다. 따라서 C는 $xy + \lambda z = 0$으로 주어진다. 단, 여기서 λ는 x, y, z에 관한 일차식을 나타낸다. 또한 a $= [1 : s : 0]$이고 b $= [1 : t : 0]$라 할 때, a와 b가 극점의 관계에 있을 필요충분조건은

$$\mathrm{a}^T A \mathrm{b} = \begin{bmatrix} 1 \\ s \\ 0 \end{bmatrix}^T \begin{bmatrix} 0 & 1 & e \\ 1 & 0 & d \\ e & d & 0 \end{bmatrix} \begin{bmatrix} 1 \\ t \\ 0 \end{bmatrix} = s + t = 0$$

이다. 한편 복비 (a, b; c, d) $= \dfrac{s}{t} = -1$이므로 증명이 완료된다. 역도 비슷하게 증명된다. ■

위의 보조정리들을 이용하여 다음 정리를 증명한다.

정리 9.24

서로 다른 네 점에서 만나는 P^2상의 두 정칙 사영원뿔곡선 C_1, C_2에 대하여, C_1과 C_2 모두에 관해 자기극삼각형이 되는 삼각형이 존재한다.

증명 가정에 의해, C_1과 C_2의 서로 다른 네 교점 a, b, c, d가 존재하고 어느 세 점도 한 직선 위에 있지 않다. 따라서 [그림 9.13]과 같이 a, b, c, d를 이용하여 만든 **완비사각형**(complete quadrilateral) □abcd에서 삼각형 Δpqr은 자기극삼각형이다. 이를 보이기 위해, 직선 pq가 r에 관해 극선임을 증명하면 충분하다.

실제로, **[보조정리 9.22]**와 복비가 사영변환에 의해 보존된다는 성질을 이용하여 두 순서쌍 (a, b)와 (r, u)는 서로 조화관계에 있다. 한편 a와 b가 C_i, $i = 1, 2$에 놓여 있으므로 **[보조정리 9.23]**에 의해 u는 C_i, $i = 1, 2$에 관해 r의 극선 위에 놓여 있다. 비슷한 방법으로 v도 C_i, $i = 1, 2$에 관해 r의 극선 위에 있음을 알 수 있다. 따라서 직선 pq가 r에 관해 극선이다. ■

따름정리 9.25

서로 다른 네 점에서 만나는 P^2상의 두 정칙 사영원뿔곡선 C_1, C_2에 대하여, C_1과 C_2가 동시에 대각화가능인 3×3-행렬 A_1과 A_2에 의해 표현된다.

증명 **[정리 9.24]**에 의해 C_1과 C_2 모두에 관해 자기극삼각형인 삼각형 Δpqr이 존재한다. 이제 **[정리 9.6]**과 같이 적당한 좌표변환을 통해

$$\mathsf{p} = [1:0:0],\ \mathsf{q} = [0:1:0],\ \mathsf{r} = [0:0:1]$$

이라 가정해도 된다. 따라서 **[보조정리 9.19]**에 의해 C_1과 C_2 모두 동시에 대각화가능인 3×3-행렬로 나타낼 수 있다. ■

주어진 삼각형을 자기극삼각형으로 가지는 사영원뿔곡선도 존재한다.

보조정리 9.26

임의의 삼각형 Δabc $\subset P^2$와 열린선분 ab와 ac에 각각 놓여 있는 두 점 p와 q에 대하여, Δabc를 자기극삼각형으로 가지며 p와 q를 통과하는 사영원뿔곡선 C가 유일하게 존재한다.

증명 **[따름정리 9.25]**의 증명과 같이, 적당한 좌표변환을 통해

$$\mathsf{a} = [1:0:0],\ \mathsf{b} = [0:1:0],\ \mathsf{c} = [0:0:1]$$

이라 가정해도 된다. 한편 Δabc가 3×3-행렬 A로 나타나는 사영원뿔곡선 C에 관해 자기극삼각형일 필요충분조건은 A가 대각행렬이다. 즉 C의 방정식이 다음과 같이 주어진다.

$$ax^2 + by^2 + cz^2 = 0$$

가정에 의해, p와 q가 모두 C 위에 놓여 있으므로 a, b, c를 스칼라 곱에 관해 유일하게 결정할 수 있어 증명이 완료된다. ■

이제, 이 장의 마지막 주제로 **파스칼의 정리**(Pascal's theorem)를 간단히 소개한다. 정칙인 사영원뿔곡선 C상에 있는 서로 다른 네 점 a, b, c, d와 또 다른 한 점 p에 대하여, p를 통과하는 네 직선의 복비 (pa, pb; pc, pd)를 다음과 같이 정의한다.

$$(pa, pb; pc, pd) = (a, b; c, d)$$

q가 C에 놓여 있는 임의의 점일 때, 다음 등식이 성립한다.

$$(pa, pb; pc, pd) = (qa, qb; qc, qd)$$

이 사실을 이용하여 다음 정리를 증명할 수 있다.

정리 9.27 (파스칼의 정리, Pascal's theorem)

정칙인 사영원뿔곡선 C상에 있는 서로 다른 여섯 점 a, b, c, a′, b′, c′에 대하여, 다음과 같이 정의된 세 점 p, q, r은 항상 같은 직선 위에 놓여 있다([그림 9.15]).

$$p = bc' \cap b'c,\ q = ac' \cap a'c,\ r = ab' \cap a'b$$

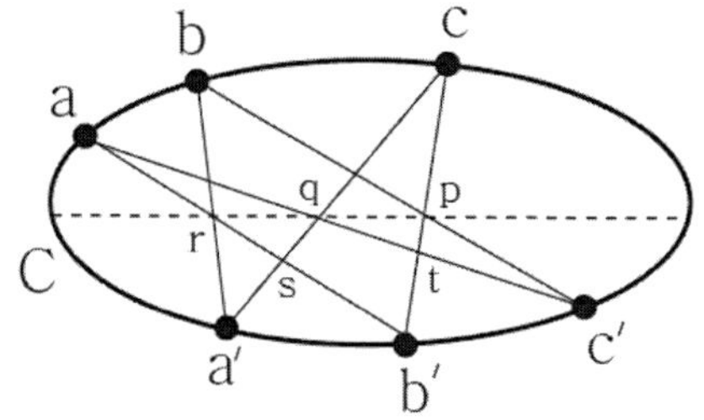

[그림 9.15]

증명 증명을 위해, $s = ab' \cap a'c$이고 $t = ac' \cap b'c$라 하자. 그러면 a′과 c′으로부터의 사영사상과 사영변환에 관한 복비의 불변성에 의해 다음 등식이 성립함을 알 수 있다.

$$(a, s; r, b') = (a, c; b, b'),\ (a, c; b, b') = (t, c; p, b')$$

따라서 $(qa, qs; qr, qb') = (qt, qc; qp, qb')$이 성립한다. 한편 $qa = qt$이고

qs = qc이므로

$$qr = qp$$

이다. 즉 세 점 p, q, r은 항상 같은 직선 위에 놓여 있다. ■

파스칼의 정리와 비슷한 방법으로 다음 정리도 성립함을 보일 수 있다. 자세한 증명은 생략한다.

정리 9.28 (파푸스의 정리, Pappus's theorem)

직선 l_1 위에 놓여 있는 서로 다른 세 점 a, b, c와 직선 l_2 위에 놓여 있는 서로 다른 세 점 a′, b′, c′에 대하여, 다음과 같이 정의된 세 점 p, q, r은 항상 같은 직선 l_3 위에 놓여 있다.

$$p = bc' \cap b'c,\ q = ac' \cap a'c,\ r = ab' \cap a'b$$

9장 연습문제

1. **뫼비우스 띠**는 직사각형 $[-2,2]\times[-1,1]$에 동치관계

$$(x,y) \sim (u,v) \Leftrightarrow u=x, v=y \text{ 또는 } \begin{cases} -2<x<2\text{일 때, } u=x\text{이고 } v=y, \\ x=\pm 2\text{일 때, } u=\mp 2\text{이고 } v=-y \end{cases}$$

를 이용하여 만든 상공간이다([그림 9.16]). 이때, 2차원 실사영평면 $\mathbb{P}^2(\mathbb{R})$을 한 개의 뫼비우스 띠와 한 개의 원판을 경계를 따라 붙여 만들 수 있음을 보여라.

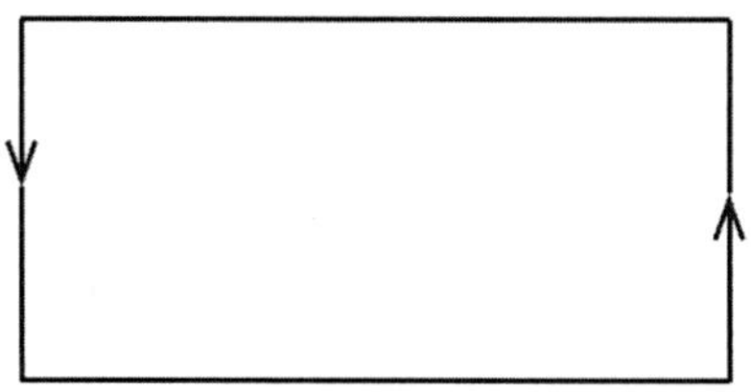

[그림 9.16]

2. 곱공간 $S^1\times\mathbb{R}$에 다음과 같은 동치관계 $\sim$를 주어 만든 상공간 $S^1\times\mathbb{R}/\sim$이 열린 뫼비우스 띠와 위상동형임을 보여라.

$$(x_1,x_2)\sim(y_1,y_2)\Leftrightarrow y_1=x_1, y_2=x_2 \text{ 또는 } y_1=-x_1, y_2=-x_2$$

3 **클라인 병**(Klein bottle)은 직사각형 $[-2,2]\times[-1,1]$에 동치관계

$$(x,y) \sim (u,v) \Leftrightarrow u=x, v=y \text{ 또는 } \begin{cases} -2<x, y<2\text{일 때, } u=x\text{이고 } v=y, \\ x=\pm 2\text{일 때, } u=\mp 2\text{이고 } v=-y, \\ y=\pm 1\text{일 때, } u=x\text{이고 } v=\mp 1 \end{cases}$$

을 이용하여 만든 상공간이다([그림 9.17]). 클라인 병을 두 개의 뫼비우스 띠를

경계를 따라 붙여 만들 수 있음을 보여라.

[그림 9.17]

4. $h(z) := Az\bar{z} + Bz + \overline{B}\bar{z} + D = 0,\ \ A, D \in \mathbb{R}, B \in \mathbb{C}$ 일 때,

$$h\left(\frac{aw+b}{cw+d}\right) = 0$$

이 원의 방정식을 나타냄을 증명하라.

5. 단위원판(unit disk) $D^2 = \{z \in \mathbb{C} \mid |z| \leq 1\}$를 반평면

$$H^2 = \{z = x + iy \in \mathbb{C} \mid y \geq 0\}$$

으로 보내는 뫼비우스 변환을 찾아라(예를 들어, [그림 9.18] 참고).

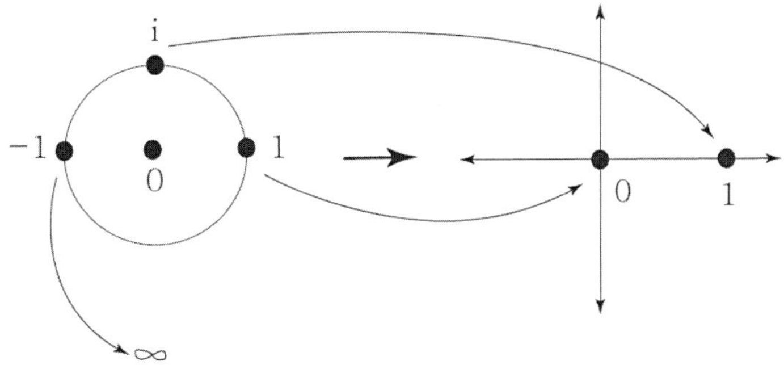

[그림 9.18]

6. 2차원 사영평면 P^2상에 있는 서로 다른 두 점 $\mathrm{p} = [a_1 : a_2 : a_3]$와 $\mathrm{q} = [b_1 : b_2 : b_3]$에 대하여, 다음 물음에 답하라.

(1) 다음 등식이 성립함을 보여라.

$$\langle (a_1, a_2, a_3), (a_1, a_2, a_3) \times (b_1, b_2, b_3) \rangle = \langle (b_1, b_2, b_3), (a_1, a_2, a_3) \times (b_1, b_2, b_3) \rangle = 0$$

단, 여기서 $\langle \cdot , \cdot \rangle$는 $\mathbb{R}^3$의 기본내적을 나타낸다,

(2) P^2상에서 p와 q를 잇는 직선의 방정식이 다음과 같이 주어짐을 보여라.

$$\det \begin{bmatrix} x & y & z \\ a_1 & a_2 & a_3 \\ b_1 & b_2 & b_3 \end{bmatrix} = 0$$

7. V가 n차원 벡터공간 $\mathbb{R}^n$의 m차원 부분공간이고 L_1과 L_2가 다음 조건을 만족하는 $\mathbb{R}^n$의 $(n-m)$차원 부분공간이라 하자.

$$V \cap L_1 = V \cap L_2 = \{0\}$$

이때 다음 물음에 답하라.

(1) 임의의 $\mathbf{x} \in L_1$에 대하여, 아핀공간 $\mathbf{x} + V$와 L_2의 교점 $\mathbf{y}$가 유일하게 존재함을 보여라.

(2) 임의의 $\mathbf{x} \in L_1$에 대하여, 아핀공간 $\mathbf{x} + V$와 L_2의 유일한 교점 $\mathbf{y}$를 이용하여 다음과 같은 함수 f를 정의할 수 있다.

$$f : L_1 \to L_2,\ \mathbf{x} \mapsto \mathbf{y}$$

이때 f가 선형사상임을 보여라.

8. 다음과 같이 정의된 함수 f가 위상동형사상임을 보여라.

$$f : (D^2)^\circ \to \mathbb{R}^2,\ (r, \theta) \mapsto \left(\frac{r}{(1-|r|)}, \theta \right)$$

단, 여기서 $(D^2)^\circ$는 중심이 원점이고 반지름이 1인 $\mathbb{R}^2$상의 열린원판을 나타낸다.

9. 다음과 같이 정의된 두 함수 f와 g가 연속이고 단사함수임을 보여라.

$$f : S^2 \to \mathbb{R}^3,\ \ (x, y, z) \mapsto (x^2 - y^2, xy, yz, zx)$$
$$g : D^2 \to \mathbb{C}^2,\ \ re^{i\theta} \mapsto (re^{2i\theta}, r(1-r)e^{i\theta})$$

10. 다음과 같이 정의된 함수 f에 대하여 다음 물음에 답하라.

$$f : \mathbb{C} \to \mathbb{C}^* = \mathbb{C} - \{0\},\ \ z \mapsto e^{2\pi i z}$$

(1) f가 준동형사상이고 f의 핵이 $\mathbb{Z}$임을 보여라.

(2) $\mathbb{C}^*$가 $\mathbb{C}/\mathbb{Z}$와 서로 동형임을 보여라.

Introduction to Geometry

제10장

쌍곡기하학

이 책의 마지막 장에서는 쌍곡기하학의 기본적인 정의와 성질에 관해 알아본다. 쌍곡기하학과 유클리드 기하학은 처음 네 개의 공리를 공유하고 있고 마지막 다섯 번째 공리만 서로 다르다. 앞에서 언급한 바와 같이, 쌍곡기하학의 마지막 다섯 번째 공리는 유클리드 기하학의 다섯 번째 공리와 달리 "한 직선 l과 l 위에 있지 않는 한 점 P에 대하여, P를 지나며 l과 평행인 직선이 최소한 두 개 이상이 있다"이다.

1773년에 사케리는 쌍곡기하학의 다섯 번째 공리를 나머지 네 개의 공리를 이용하여 유도했다고 주장했지만 그의 주장에는 잘못된 점이 있었다. 19세기 초에 가우스(Gauss)는 쌍곡기하학의 다섯 번째 공리가 나머지 네 개의 공리로부터 유도될 수 없음을 알았다. 하지만, 그는 다른 수학자들의 비난을 우려하여 그의 발견을 발표하지는 않았다. 그 대신 보요이(Bolyai)와 로바체프스키(Lobachevsky)가 가우스의 발견과 같은 결과를 1832년과 1836년에 각각 미리 발표하였다. 이 때문에 쌍곡기하학은 보통 보요이와 로바체프스키에 의해 확립된 것으로 인식되어 오고 있다.

10.1 벨트라미 모형 (Beltrami model) 또는 클라인 모형(Klein model)

이 모형을 설명하기 위해 2차원 실사영평면 $\mathbb{P}^2(\mathbb{R})$ 위에 놓여있는 정칙인 사영이차곡선(non-singular conic) C를 고려하자. C는 $\mathbb{P}^2(\mathbb{R})$를 두 영역으로 분해하는 데 한 영역은 원판과 위상동형이고 다른 영역은 뫼비우스 띠와 위상동형이다. 원판 부분의 영역을 K^2라 할 때, 이 K^2가 벨트라미 모형이 정의되는 영역이다. K^2에 놓여 있는 직선은 $\mathbb{P}^2(\mathbb{R})$에 있는 직선과 K^2와의 교집합으로 주어진다. 이때 임의의 직선 l과 l 위에 있지 않은 점 P에 대하여, P를 통과하면서 l과 만나지 않는 무한히 많은 직선을 K^2상에서 찾을 수 있다. 이 사실은 K^2가 유클리드 공간의 다섯 번째 공리를 만족하지 않는다는 것을 말해주며 직관적인 관점이나 상식적으로 보면 상당히 어색

할 수도 있다([그림 10.1]).

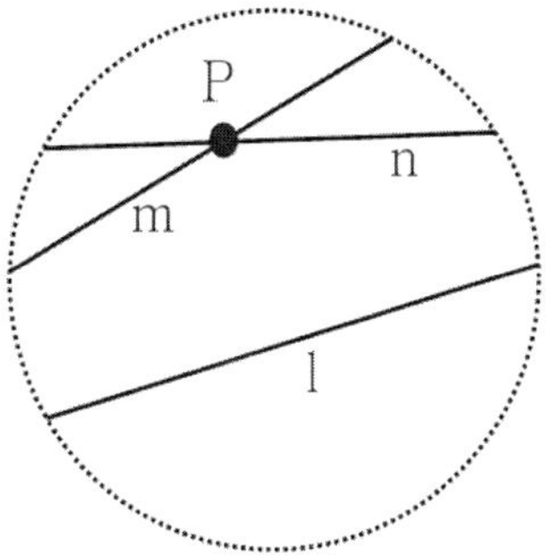

[그림 10.1]

두 개의 직선이 C 위에서만 만날 때, 두 직선을 서로 **평행**(parallel)하다고 말하고 C의 외부에서 만날 때, **초평행**(ultraparallel)이라 말한다.

K^2상의 직선을 직선으로 보내주는 원소로 구성된 군 G_C는 다음과 같이 주어진다.

$$G_C = \{f \in PGL(3, \mathbb{R}) \mid f(C) = C\}$$

사실, K^2에 G_C를 양의 방향성을 갖는 등장사상으로 갖는 거리함수를 줄 수 있다. 하지만, 이 모형에서 거리와 합동은 가장 미묘하고 복잡한 개념 중의 하나이다. 보통의 경우와 같이, 이 모형에서도 두 각의 크기가 같거나 두 선분의 길이가 같으면 합동이라 말한다. 하지만, 이 모형에서는 각의 크기나 선분의 길이를 측정하기 위해 유클리드 기하학과 같은 방법을 이용할 수 없다. 만일 유클리드 거리함수와 같은 거리함수를 사용할 수 있다면, 이 모형에서 모든 직선의 길이는 유한하게 되어 쌍곡기하학의 두 번째 공리 때문에 성립하는 직선의 길이는 무한하다는 사실에 모순된다.

벨트라미 모형 K^2에서 일반적인 각의 합동을 자세히 설명하는 것은 상당히 복잡한 문제이다. 하지만, 아래에서 설명하게 될 푸앵카레 모형과 벨트라미 모형 사이에는 극사영을 이용하여 얻을 수 있는 등각사상이 존재하고, 푸앵카레 모형의 경우에는 두 직선 사이의 각을 유클리드 기하학의 경우와 똑같은 방법으로 계산할 수 있다. 따라서 푸앵카레 모형의 경우에 대해서만 두 직선 사이의 각을 자세히 설명하면 충분하다. 다만, 벨트라미 모형의 경우에도 두 각이 직각인 경우를 설명하는 것은 그리 어려운 일이 아니다. 따라서 이 책에서는 이 대해 간단히 설명할 기회를 갖는다.

두 직선 l과 m이 서로 수직한다는 의미를 설명하기 위해 다음 두 가지 경우로 나누어 생각한다. 이를 위해, 먼저 l과 m이 벨트라미 모형의 경계인 원 c의 열린현(open chord)이라고 가정하자([그림 10.2]).

(1) l과 m 중에 하나가 지름인 경우에는 벨트라미 모형에서 l과 m이 수직하다는 의미와 유클리드 기하학에서 서로 수직하다는 의미가 서로 같다([그림 10.2]).

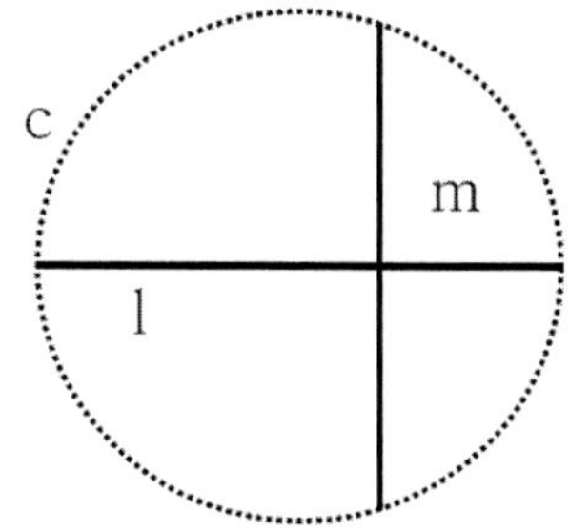

[그림 10.2]

(2) 두 번째 경우로, l과 m 어느 쪽도 지름이 아닌 경우에는 l에 대응하는 점 $P(l)$를 c 바깥쪽에 잡을 수 있다. 이 점을 l의 **극점**(pole)이라 부른다. 점 $P(l)$은 l의 양 끝점에서 c에 접하는 직선 t_1, t_2을 택할 때, t_1과 t_2의 교점으로 정의된

다. 이때 l은 지름이 아니므로 t_1과 t_2는 서로 평행하지 않는다. 벨트라미 모형에서 l과 m이 수직한 경우는 m을 직선으로 확장했을 때, 확장된 직선이 $P(l)$을 지날 때이다([그림 10.3]).

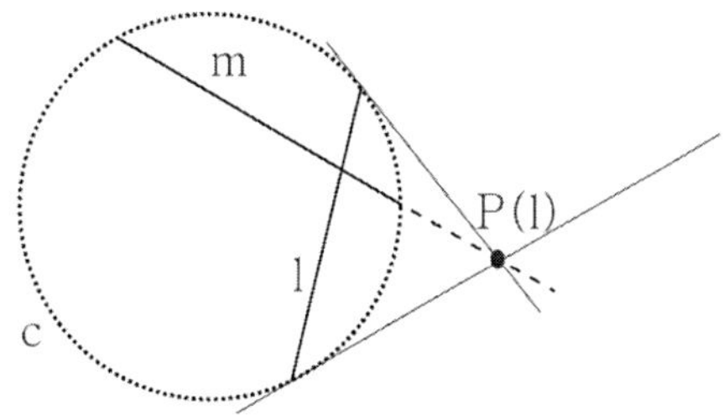

[그림 10.3]

벨트라미 모형에서 두 평행한 직선이 끝점을 공유하지 않는 경우에는 항상 공통 수선을 찾을 수 있다. 예를 들어, [그림 10.4]에서 l과 m은 서로 평행하고 끝점을 공유하고 있지 않다. 이 경우 직선 k가 l과 m의 공통 수선이 된다.

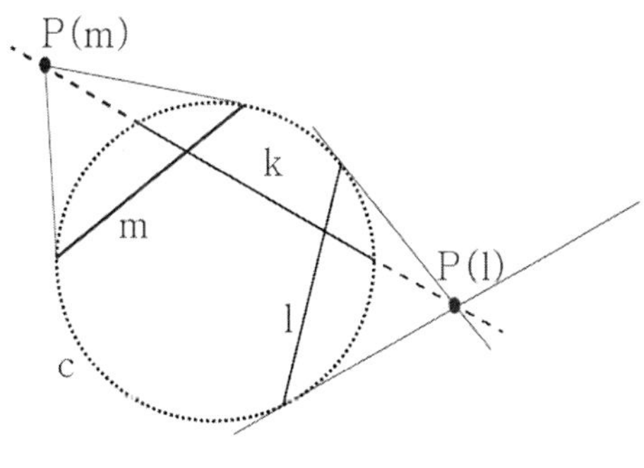

[그림 10.4]

10.2 푸앵카레 모형(Poincaré model)

벨트라미 모형과 비슷하게 푸앵카레 모형 P^2도 원판의 내부로 주어진다. 이 모형에서의 직선은 원판의 중심을 지나는 지름인 **열린현**(open chord)과 원판의 경계인 c와 직교하는 다른 원의 원판 상의 **열린호**(open arc)로 구성되어 있다. 푸앵카레 모형의 경우에는 유클리드 기하학의 경우와 같이 두 직선의 각은 접선의 각으로 주어진다.

푸앵카레 모형를 뫼비우스 변환

$$w = -i\frac{z-1}{z+1}$$

을 통해 **쌍곡반평면**(hyperbolic upper half-plane)으로 해석할 수 있다([그림 10.5]). 쌍곡반평면은 2차원 좌표평면 $\mathbb{R}^2$의 두 번째 좌표가 양인 반평편으로 보통의 경우에 H^2로 나타낸다. 즉,

$$H^2 = \{(x,y) \in \mathbb{R}^2 \mid y > 0\}$$

이다. 쌍곡반평면 H^2에서의 직선은 푸앵카레 모형과 같이 두 종류로 주어진다. 첫째는 x-축 위의 점에서 x-축에 수직인 반직선이고, 두 번째는 x-축의 한 점을 중심으로 하고 y 좌표가 양수인 반원이다([그림 10.5]).

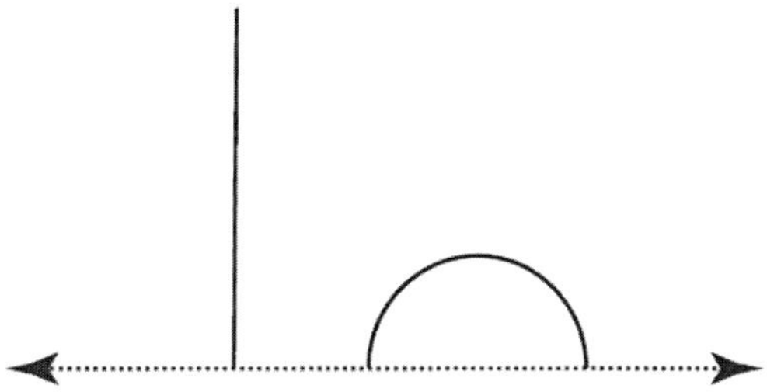

[그림 10.5]

앞에서 언급한 바와 같이, 극사영을 이용하여 푸앵카레 모형과 벨트라미 모형 사이에 등각사상을 찾을 수 있다. 이를 설명하기 위해, 먼저 $x_1^2+x_2^2+x_3^2=1$로 주어진 2차원 단위구(unit sphere) S^2에서 북극점 $N=(0,0,1)$을 이용하여 x_1x_2-평면으로 보내는 극사영 또는 입체사영(stereographic map)의 역사상과 S^2의 임의의 점을 단위원판으로 보내는 정사영 사상을 합성하여, x_1x_2-평면에 있는 단위원판을 단위원판으로 보내는 사상 φ를 다음과 같이 얻을 수 있음을 알아야 한다([그림 10.6]).

$$\varphi(x_1,x_2,0)=\left(\frac{2x_1}{1+x_1^2+x_2^2},\frac{2x_2}{1+x_1^2+x_2^2},0\right)$$

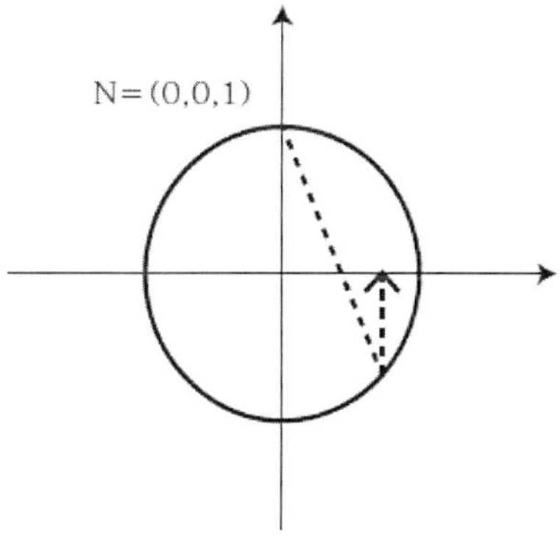

[그림 10.6]

이것을 복소수 표현을 이용하여 나타내면

$$\varphi(z) = \frac{2z}{1+|z|^2}, \quad z = x_1 + ix_2$$

이다. φ가 등각사상(conformal mapping)인 것은 복소해석학의 방법을 이용하여 쉽게 보일 수 있다. 뿐만 아니라, 다음 사실이 성립한다.

보조정리 10.1

두 점 P와 Q가 단위원판의 경계 c의 점이고 δ가 P와 Q에서 c에서 수직으로 만나는 단위원판 내부에 있는 열린호라 하자. A를 열린호 δ 위의 임의의 점이라 할 때, $\varphi(A)$는 원점 O를 시작점으로 A를 통과하는 반직선과 P와 Q를 잇는 열린현의 교점이 된다([그림 10.7]).

증명 이를 증명하기 위해, (c_1, c_2)가 δ의 중심에 해당하는 좌표라 하자. P와 Q에서 원 c의 접선의 교점을 R이라 할 때, $R = (c_1, c_2)$이고 두 점 P, Q는 선분 OR을 지름으로 갖는 원 γ와 c의 교점이다(Greenberg(2012), Proposition 7.3 참고). 따라서 γ를 나타내는 원의 방정식은

$$\left(x_1 - \frac{c_1}{2}\right)^2 + \left(x_2 - \frac{c_2}{2}\right)^2 = \frac{1}{4}\left(c_1^2 + c_2^2\right),$$

즉,

$$x_1^2 - c_1x_1 + x_2^2 - c_2x_2 = 0$$

이다. 한편, 원의 방정식은 $x_1^2 + x_2^2 = 1$이므로 위의 두 방정식을 연립하면

$$c_1x_1 + c_2x_2 = 1$$

을 얻는다. 또한, δ가 c에 수직으로 만나므로 피타고라스의 정리를 이용하면

$$RQ^2 = RO^2 - OQ^2 = c_1^2 + c_2^2 - 1$$

이 성립한다. 따라서 δ의 방정식은

$$(x_1 - c_1)^2 + (x_2 - c_2)^2 = c_1^2 + c_2^2 - 1,$$

즉

$$x_1^2 + x_2^2 = 2c_1x_1 + 2c_2x_2 - 1$$

이 된다.

이제, $A = (a_1, a_2)$이고 $\varphi(A) = (b_1, b_2)$라 하면 극사영의 식에 의해

$$b_i = \frac{2a_i}{1 + a_1^2 + a_2^2}, \quad i = 1, 2$$

이다. 한편 (a_1, a_2)가 원 δ 위에 있으므로 (a_1, a_2)가

$$a_1^2 + a_2^2 = 2c_1a_1 + 2c_2a_2 - 1$$

을 만족한다. 따라서 위의 두 식을 연립하여 정리하면, 다음 등식을 얻는다.

$$b_i = \frac{a_i}{c_1a_1 + c_2a_2}, \; i = 1, 2$$

결론적으로, (b_1, b_2)가

$$c_1b_1 + c_2b_2 = c_1\frac{a_1}{c_1a_1 + c_2a_2} + c_2\frac{a_2}{c_1a_1 + c_2a_2} = \frac{c_1a_1 + c_2a_2}{c_1a_1 + c_2a_2} = 1$$

을 만족하므로 $\varphi(A)$는 선분 PQ위에 있음을 알 수 있다. ■

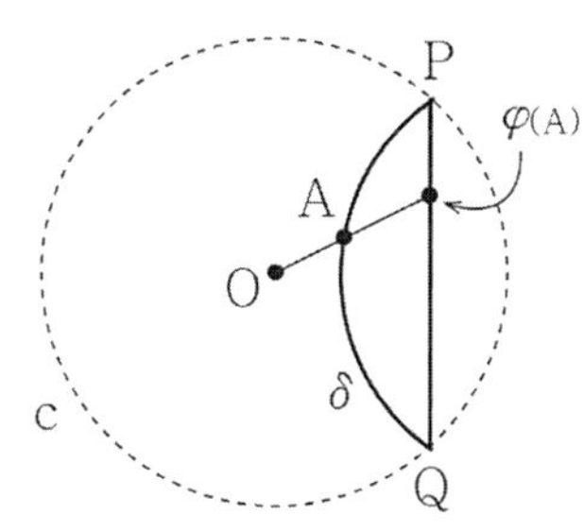

[그림 10.7]

[보조정리 10.1]의 등각사상 φ를 이용하여 벨트라미 모형 K^2에서 합동을 푸앵카레 모형 P^2에서의 합동으로 정의할 수 있다. 즉, 벨트라미 모형에서 두 선분과 각이 합동이란 의미를 φ에 의한 상이 푸앵카레 모델에서 서로 합동일 때로 정의한다. 이 정의를 이용하여 벨트라미 모형에서 두 직선이 서로 직각이란 의미를 다시 한 번 살펴보자.

이를 위해, 다음 세 가지 경우를 생각해 보아야 한다.

(1) 먼저 두 선분 l, m이 모두 지름인 경우에는 $\varphi^{-1}(l)=l$과 $\varphi^{-1}(m)=m$이 모두 다시 지름이 되어 유클리드 기하학의 의미에서의 직각과 같다.

(2) 선분 l만 지름인 경우에는 $\varphi^{-1}(l)=l$이고 $\varphi^{-1}(m)$이 l과 직각이 되기 위해서는 $\varphi^{-1}(m)$이 지름 l과 c에 모두 직각으로 만나는 원 δ의 일부가 되어야 한다. 따라서 l을 직선으로 연장했을 때, 연장된 직선이 δ의 중심을 지나게 된다. 또한, 이 경우에 l이 선분 m에 수직이등분선이다([그림 10.8]).

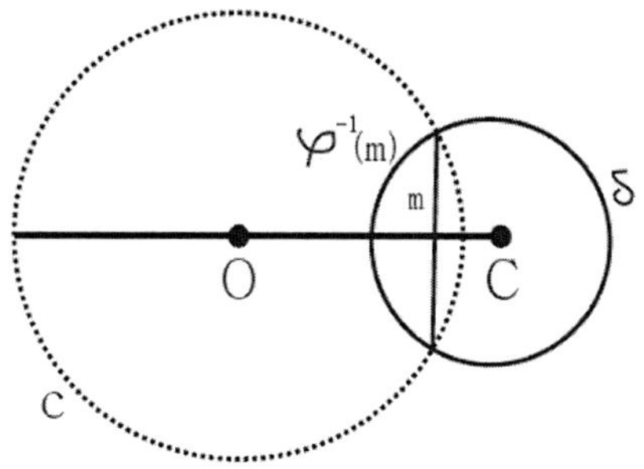

[그림 10.8]

(3) 마지막으로, l과 m이 모두 지름이 아닌 경우에는 $\varphi^{-1}(l)$과 $\varphi^{-1}(m)$이 모두 c에 수직인 원 δ와 σ의 일부가 된다. 따라서 δ와 σ가 서로 수직이라면 이 원들의 중심은 선분 l과 m의 극점 $P(l)$과 $P(m)$이다. 또한, m의 연장선이

$P(l)$을 지나게 된다(Greenberg(2012), p. 261 참고). 따라서 이 경우에도 l과 m이 벨트라미 모형에서 직각이라는 의미와 일치함을 알 수 있다([그림 10.9]).

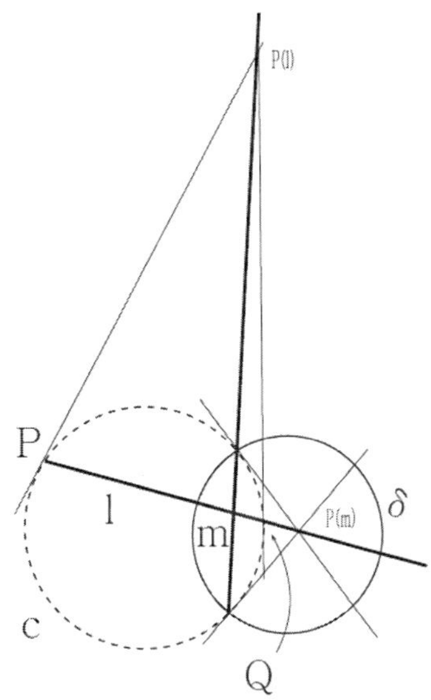

[그림 10.9]

다시 반평면 H^2에 대한 설명으로 돌아가 H^2의 임의의 두 점 사이에 **쌍곡거리** (hyperbolic distance)를 정의해 보자. 즉 임의의 두 점 $P, Q \in H^2$에 대하여,

(1) $P=(x_1, y_1)$와 $Q=(x_2, y_2)$의 x-좌표가 같을 때(단, $0 < y_1 < y_2$), 두 점 P, Q 사이의 쌍곡거리 $d(P, Q)$는

$$d(P, Q) = \ln \frac{y_2}{y_1}$$

로 정의된다.

(2) $P=(x_1,y_1)$와 $Q=(x_2,y_2)$의 x-좌표가 같지 않을 때는 두 점 P,Q를 지나고 x-축과 수직으로 만나는 원을 δ라 하고 δ와 x-축과의 교점을 차례로 X,Y라 할 때,

$$d(P,Q)=|\ln(PQ,XY)|$$

로 정의된다. 여기서, $(PQ,XY)=\dfrac{|PY|\cdot|QX|}{|PX|\cdot|QY|}$를 **복비**(cross ratio)라 한다 ([그림 10.10]).

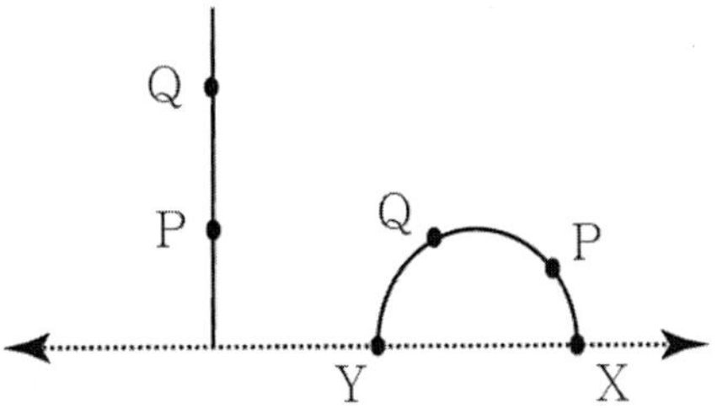

[그림 10.10]

쌍곡반평면 H^2의 매개곡선 $\alpha(t)=(x(t),y(t))$, $a\le t\le b$의 **쌍곡길이** $L(\alpha)$는

$$L(\alpha)=\int_a^b \frac{\sqrt{x'(t)^2+y'(t)^2}}{y(t)}dt$$

로 주어진다. 특히, α가 x-축에 수직인 직선인 경우에 α위의 두 점 P,Q사이의 쌍곡길이 $L(\alpha)$는

$$L(\alpha)=d(P,Q)$$

를 만족한다. 뿐만 아니라, 다음 보조정리가 성립한다.

보조정리 10.2

δ가 x-축 위에 중심 $C=(c,0)$를 가진 원이고 δ의 열린호가 $\widehat{PQ}$일 때, x-축의 양의 방향과 반직선 CP 및 CQ와 이루는 각의 크기를 각각 α, β라 하자. 이때 $\widehat{PQ}$의 쌍곡길이는 다음과 같이 주어진다.

$$L(\widehat{PQ}) = \ln\left(\frac{\csc\beta - \cot\beta}{\csc\alpha - \cot\alpha}\right)$$

증명 증명을 위해, 먼저 원 δ를 매개함수 $\alpha(\theta) = (c + r\cos\theta, r\sin\theta)$, $\alpha \le \theta \le \beta$로 나타내자. 이때,

$$\begin{aligned} L(\widehat{PQ}) = L(\alpha) &= \int_{\alpha}^{\beta} \frac{r}{r\sin\theta} d\theta \\ &= \int_{\alpha}^{\beta} \csc\theta d\theta = \ln\left(\frac{\csc\beta - \cot\beta}{\csc\alpha - \cot\alpha}\right) \end{aligned}$$

이다. ■

사실, 위의 보조정리를 이용하여

$$d(P, Q) = \ln\left(\frac{\csc\beta - \cot\beta}{\csc\alpha - \cot\alpha}\right)$$

가 성립함을 보일 수 있다. 따라서 $d(P,Q)$는 원 δ의 반지름에 관계없이 항상 일정하게 주어짐을 알 수 있다. 따라서 다음 따름정리가 성립한다.

따름정리 10.3

중심 C가 x-축에 놓여 있는 두 동심원의 호 $\widehat{PQ}$와 $\widehat{P'Q'}$에 대하여, 만약 C, P, P'과 C, Q, Q'이 각각 한 직선 위에 있으면 항상 다음 등식이 성립한다([그림 10.11]).

$$d(P, Q) = d(P', Q')$$

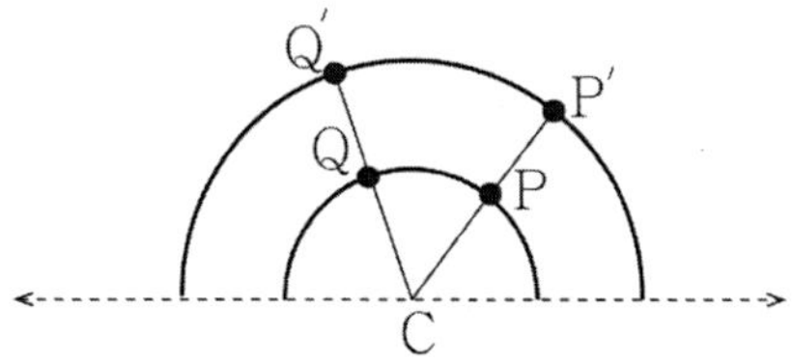

[그림 10.11]

쌍곡길이의 정의와 비슷하게, 쌍곡반평면 H^2상에 있는 다각형의 넓이도 정의할 수 있다. F를 쌍곡반평면상에서 유한개의 쌍곡측지선 $L_k(1 \leq k \leq m)$로 둘러싸인 영역이라 할 때, F의 쌍곡넓이는

$$\text{Area}(F) = \int_F \frac{dxdy}{y^2} = \int_{\partial F} \frac{dx}{y}$$

로 정의된다. 여기서 두 번째 등식은 그린의 정리(Green's theorem)

$$\int_F \left(\frac{\partial v}{\partial x} - \frac{\partial u}{\partial y} \right) dxdy = \int_{\partial F} udx + vdy$$

을 적용하여 얻어졌다. 특히, F가 중심이 x-축 위에 있는 반지름이 r인 원의 일부로 구성된 α에서 β사이 각을 가진 부채꼴 모양이고 F의 호부분을 L이라 할 때, L상에서의 적분 $\int_L \frac{dx}{y}$는

$$\int_L \frac{dx}{y} = \int_\alpha^\beta \frac{d(r\cos\theta)}{r\sin\theta} = -\beta + \alpha$$

로 주어진다([그림 10.12]).

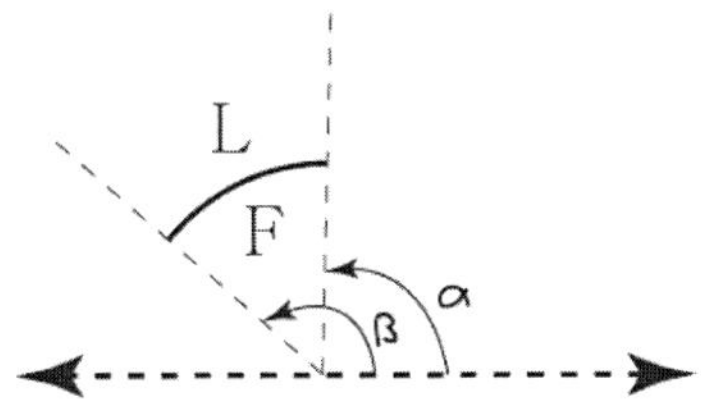

[그림 10.12]

따라서 유한개의 쌍곡측지선 L_k로 둘러싸인 영역 F의 쌍곡넓이 $\text{Area}(F)$는 다음과 같은 형태로 나타난다([그림 10.13]).

$$\text{Area}(F) = \sum_k (\beta_k - \alpha_k)$$

위의 식으로부터 기하학적인 성질을 유도하기 위해, A_k를 L_{k+1}과 L_k가 만나는 꼭짓점이라 하고 A_k에서의 내각을 γ_k라 하자. 그러면, L_k를 따라 움직이면서 생기는 각의 변화는 $\alpha_k - \beta_k$이다. 또한, A_k에서 $\pi - \gamma_k$라는 각의 변화가 더 생기므로 F의 경계 ∂F를 양의 방향으로 한 바퀴 돌면서 변하는 각의 총 양인 2π는

$$2\pi = \sum_{k=1}^{m} (\alpha_k - \beta_k + \pi - \gamma_k) = m\pi + \sum_k (\alpha_k - \beta_k) - \sum_k \gamma_k$$

를 만족한다([그림 10.13]).

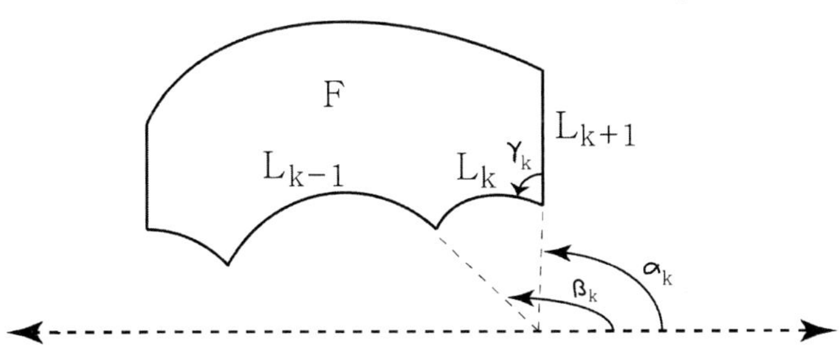

[그림 10.13]

따라서

$$\text{Area}(F) = \pi(m-2) - \sum_k \gamma_k$$

로 주어진다. 특히, $k=3$인 경우에는

$$\text{Area}(F) = \pi - (\gamma_1 + \gamma_2 + \gamma_3) < \pi$$

가 성립함을 알 수 있다([그림 10.14]). 이것은 유클리드 기하학에서는 삼각형의 내각의 합이 항상 π라는 사실과 분명히 대비되는 쌍곡기하학만의 특별한 성질이다.

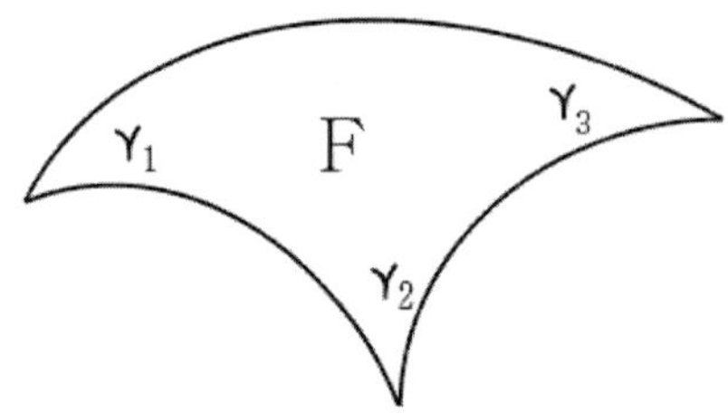

[그림 10.14]

이제, 쌍곡반평면 H^2에서 쌍곡거리를 보존하는 사상인 **쌍곡등장사상**(hyperbolic isometry)의 종류에 대해 간단히 알아본다. 이를 위해, 먼저 중심이 C이고 반지름이 r인 원에 관한 **역전사상** 또는 **반전사상**(inversion) $I_{C,r}$은 다음과 같이 주어짐을 알 필요가 있다([그림 10.15]). 즉,

$$I_{C,r}(P) = P' \Leftrightarrow |CP| \cdot |CP'| = r^2$$

C가 x-축에 놓여 있을 때 역전사상 $I_{C,r}$은 쌍곡각과 쌍곡거리를 보존함을 보일 수 있다. 또한, 쌍곡반평면 H^2에서도 유클리드 기하학과 같이 대칭이동을 생각할 수 있고 x-축에 수직인 직선 l에 관한 대칭이동 R_l은 역전사상과 같이 쌍곡각과 쌍곡거리를 보존한다. 뿐만 아니라, H^2의 두점 A, B에 대하여 A와 B를 잇는 직선이 x-축과

평행이면 선분 AB만큼의 평행이동도 쌍곡각과 쌍곡거리를 보존한다(윤갑진(2012), 4장 참고). 하지만, 일반적으로 쌍곡반평면 H^2의 쌍곡등장사상을 2차원 유클리드 공간에서와 같은 수준으로 분류하는 것은 쉽지 않음을 말해둔다.

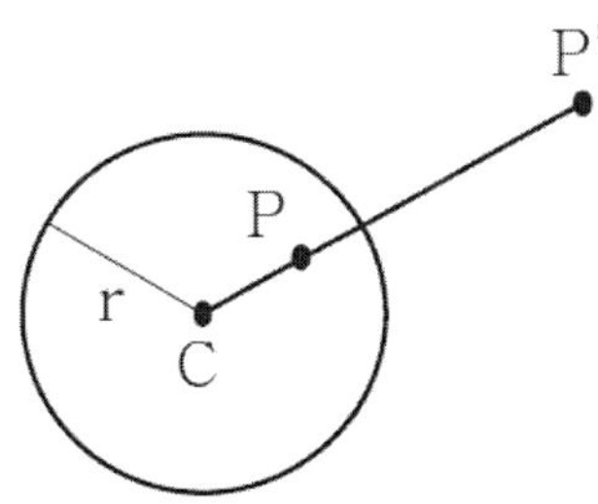

[그림 10.15]

10.3 쌍곡 삼각법

쌍곡기하학에서도 유클리드 기하학과 유사하게 삼각형의 변과 각 사이의 관계 등에 관한 정리인 **쌍곡 삼각법**(hyperbolic trigonometry)이 성립한다.

쌍곡기하학에서 성립하는 삼각 공식 등을 유도하기 위해, 먼저 3차원 벡터공간 $\mathbb{R}^3$ 상에서 정의된 **비퇴화된 대칭 쌍선형형식**(non-degenerate symmetric bilinear form) $\langle \mathrm{x}, \mathrm{y} \rangle$와 그 관련된 성질을 정리한다. 예를 들어, A가 3×3-대칭행렬일 때, $\langle \mathrm{x}, \mathrm{y} \rangle = \mathrm{x}^T A \mathrm{y}$로 주어진다. A가 대칭행렬이므로 실수상에서 A를 대각화할 수 있다. 또한, 다음 조건을 만족하는 $\mathbb{R}^3$의 기저 $\{\mathrm{e}_1, \mathrm{e}_2, \mathrm{e}_3\}$를 찾을 수 있다.

$$\langle \mathrm{e}_i, \mathrm{e}_j \rangle = \varepsilon_i \delta_{ij},\ \varepsilon_i = \pm 1,\ i = 1, 2, 3$$

앞으로 $\varepsilon = \Pi_{i=1}^3 \varepsilon_i$라 하자. 그러면 ε은 $\mathbb{R}^3$의 기저 $\{\mathrm{e}_1, \mathrm{e}_2, \mathrm{e}_3\}$의 선택에 의존하지 않는다.

임의의 세 벡터 $\mathbf{x}_1, \mathbf{x}_2, \mathbf{x}_3 \in \mathbb{R}^3$에 대하여, 각각의 $\mathbf{x}_i$를 다음과 같이 $\mathbf{e}_1, \mathbf{e}_2, \mathbf{e}_3$의 일차결합으로 나타낼 수 있다.

$$\mathbf{x}_i = \sum_{j=1}^{3} \alpha_{ij}\mathbf{e}_j, \ \ \alpha_{ij} \in \mathbb{R}, \ i = 1, 2, 3$$

이때 $\mathrm{vol}(\mathbf{x}_1, \mathbf{x}_2, \mathbf{x}_3) = \det(\alpha_{ij})$로 정의한다. 그러면 임의의 두 벡터 $\mathbf{x}, \mathbf{y} \in \mathbb{R}^3$에 대하여, 다음 조건을 만족하는 유일한 벡터 $\mathbf{x} \times \mathbf{y}$가 존재한다.

$$\langle \mathbf{x} \times \mathbf{y}, \mathbf{z} \rangle = \mathrm{vol}(\mathbf{x}, \mathbf{y}, \mathbf{z}), \ \ \mathbf{z} \in \mathbb{R}^3$$

이때 $\mathbf{x} \times \mathbf{y}$를 $\mathbf{x}$와 $\mathbf{y}$의 **외적**(cross product)이라 한다. 외적에 관하여 다음 등식이 성립한다. 자세한 증명은 생략한다.

보조정리 10.4

임의의 세 벡터 $\mathbf{x}, \mathbf{y}, \mathbf{z} \in \mathbb{R}^3$에 대하여, 다음 등식이 성립한다.

(1) $\mathbf{x} \times (\mathbf{y} \times \mathbf{z}) = \varepsilon(\langle \mathbf{x}, \mathbf{z} \rangle \mathbf{y} - \langle \mathbf{x}, \mathbf{y} \rangle \mathbf{z})$

(2) $\langle \mathbf{x} \times \mathbf{y}, \mathbf{y} \times \mathbf{z} \rangle = \varepsilon(\langle \mathbf{x}, \mathbf{y} \rangle \langle \mathbf{y}, \mathbf{z} \rangle - \langle \mathbf{x}, \mathbf{z} \rangle \langle \mathbf{y}, \mathbf{y} \rangle)$

증명 (1) 주어진 등식의 왼쪽과 오른쪽 변이 모두 선형성을 만족하므로 적당한 기저에 관하여 왼쪽 변과 오른쪽 변이 같음을 보이면 충분하다.

(2) 정의에 의해,

$$\langle \mathbf{x} \times \mathbf{y}, \mathbf{y} \times \mathbf{z} \rangle = \langle \mathbf{x}, \mathbf{y} \times (\mathbf{y} \times \mathbf{z}) \rangle$$

이므로 (1)에 의해 (2)의 등식이 자명하게 성립한다. ■

논의를 간단히 하기 위해, 앞으로 $\varepsilon = 1$이라 하자.

이 책에서는 쌍곡기하학에서 성립하는 삼각 공식 등을 유도하기 위해 사영원뿔곡

선 C가

$$x_1^2 - x_2^2 - x_3^2 = 0$$

으로 주어진 벨트라미 모형 H^2를 이용한다. 따라서 C에 해당하는 대칭행렬

$$A = \begin{bmatrix} 1 & 0 & 0 \\ 0 & -1 & 0 \\ 0 & 0 & -1 \end{bmatrix}$$

이고 $\langle \mathbf{x}, \mathbf{y} \rangle = x_1 y_1 - x_2 y_2 - x_3 y_3$이다.

벨트라미 모형 H^2는

$$x_1^2 - x_2^2 - x_3^2 > 0$$

을 만족하는 점 $[x_1 : x_2 : x_3] \in \mathbb{P}^2(\mathbb{R})$들로 이루어져 있고 모든 쌍곡측지선은 사영직선과 H^2의 교집합으로 주어진다. 따라서 H^2의 임의의 점 $[x_1 : x_2 : x_3]$의 대표원을 $x_1^2 - x_2^2 - x_3^2 = 1$으로 주어진 **쌍곡포물면**(hyperboloid)에서 택할 수 있다. 사실 $x_1^2 - x_2^2 - x_3^2 = 1$로 주어진 쌍곡포물면은 두 개의 연결성분으로 이루어져 있으므로 두 개의 대표원이 존재한다. 하지만 이 책에서는 항상 $x_1 \geq 1$인 대표원을 택하는 것으로 한다([그림 10.16]).

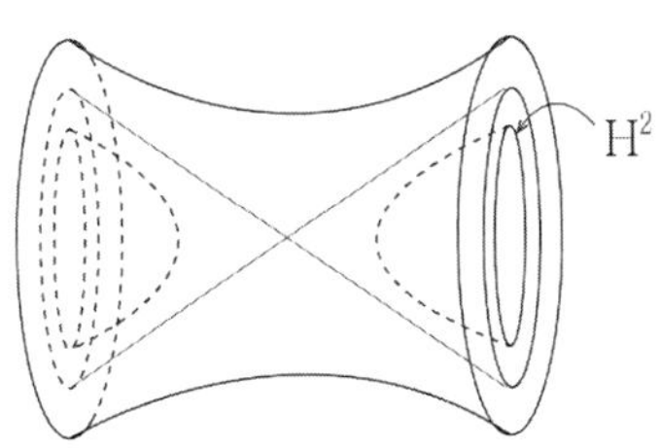

[그림 10.16]

$\mathbf{x}$와 $\mathbf{y}$가 $\mathbb{P}^2(\mathbb{R})$의 임의의 서로 다른 두 점일 때, $\mathbf{x}$와 $\mathbf{y}$의 대표원을 $\mathbb{R}^3$에서 택하여 2차원 평면 $\{\mathbf{x}, \mathbf{y}\}$을 얻을 수 있다. 이때 2차원 평면 $\{\mathbf{x}, \mathbf{y}\}$는 다음과 같이 세

가지 형태로 나타난다([그림 10.17]).

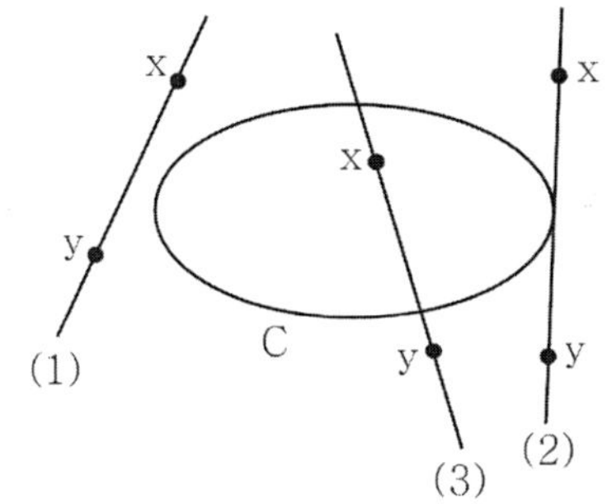

[그림 10.17]

(1) $\langle \cdot, \cdot \rangle$를 $\{\mathbf{x}, \mathbf{y}\}$에 제한할 때, $\langle \cdot, \cdot \rangle$가 음의 정부호 $(0, 2)$를 갖는 경우이다. 이 경우에는 $\mathbf{x}$와 $\mathbf{y}$를 연결하는 직선 $\mathbf{xy}$가 사영원뿔곡선 C와 만나지 않는다.

(2) $\langle \cdot, \cdot \rangle$를 $\{\mathbf{x}, \mathbf{y}\}$에 제한할 때, $\langle \cdot, \cdot \rangle$가 음의 준정부호 $(0, 1)$를 갖는 경우이다. 이 경우에는 직선 $\mathbf{xy}$가 C와 접하는 경우이다. $\mathbf{z}$를 $\mathbf{xy}$와 C의 교점이라 할 때, 2차원 평면 $\{\mathbf{x}, \mathbf{y}\}$에서 $\langle \tilde{\mathbf{z}}, \tilde{\mathbf{z}} \rangle = 0$을 만족하는 대표원 $\tilde{\mathbf{z}}$가 존재한다.

(3) $\langle \cdot, \cdot \rangle$를 $\{\mathbf{x}, \mathbf{y}\}$에 제한할 때, $\langle \cdot, \cdot \rangle$가 부정형 부호 $(1, 1)$를 갖는 경우이다. 이 경우에는 직선 $\mathbf{xy}$가 C와 서로 다른 두 점에서 만나는 경우이다. $\mathbf{z}$를 $\mathbf{xy}$와 C의 교점이라 할 때, 2차원 평면 $\{\mathbf{x}, \mathbf{y}\}$에서 $\langle \tilde{\mathbf{z}}, \tilde{\mathbf{z}} \rangle = 0$을 만족하는 대표원 $\tilde{\mathbf{z}}$가 존재한다.

λ에 관한 이차 다항식

$$\langle \lambda\mathbf{x} + \mathbf{y}, \lambda\mathbf{x} + \mathbf{y} \rangle = \lambda^2 \langle \mathbf{x}, \mathbf{x} \rangle + 2\lambda \langle \mathbf{x}, \mathbf{y} \rangle + \langle \mathbf{y}, \mathbf{y} \rangle$$

의 판별식을 이용하여 위의 경우를 다음 표와 같이 정리할 수 있다.

$\{\mathrm{x}, \mathrm{y}\}$의 형태	판별 조건
$(2, 0)$	$\langle \mathrm{x}, \mathrm{x} \rangle > 0$, $\langle \mathrm{x}, \mathrm{x} \rangle \langle \mathrm{y}, \mathrm{y} \rangle > \langle \mathrm{x}, \mathrm{y} \rangle^2$
$(1, 1)$	$\langle \mathrm{x}, \mathrm{x} \rangle \langle \mathrm{y}, \mathrm{y} \rangle < \langle \mathrm{x}, \mathrm{y} \rangle^2$
$(0, 2)$	$\langle \mathrm{x}, \mathrm{x} \rangle < 0$, $\langle \mathrm{x}, \mathrm{x} \rangle \langle \mathrm{y}, \mathrm{y} \rangle > \langle \mathrm{x}, \mathrm{y} \rangle^2$
$(0, 1)$	$\langle \mathrm{x}, \mathrm{x} \rangle \langle \mathrm{y}, \mathrm{y} \rangle = \langle \mathrm{x}, \mathrm{y} \rangle^2$

다음 보조정리가 성립한다.

보조정리 10.5

l이 H^2상의 직선일 때, l의 극점 a는 C의 외부에 놓여 있다.

증명 가정에 의해, 만약 $\mathrm{x} \in l$이면 $\langle \mathrm{x}, \mathrm{x} \rangle > 0$이고 $\mathrm{x} + \lambda \mathrm{a} \in C$를 만족하는 $\lambda \in \mathbb{R} \cup \{\infty\}$가 존재한다. 따라서 다음 등식이 성립한다.

$$\langle \lambda \mathrm{a} + \mathrm{x}, \lambda \mathrm{a} + \mathrm{x} \rangle = \lambda^2 \langle \mathrm{a}, \mathrm{a} \rangle + 2\lambda \langle \mathrm{a}, \mathrm{x} \rangle + \langle \mathrm{x}, \mathrm{x} \rangle = 0$$

한편 l이 a의 극선이므로 $\langle \mathrm{a}, \mathrm{x} \rangle = 0$이다. 따라서 위의 등식으로부터 $\langle \mathrm{a}, \mathrm{a} \rangle < 0$이 성립한다. ■

앞으로, 임의의 $\mathrm{a} \in \mathbb{P}^2(\mathbb{R})$에 대하여 a의 극선과 H^2의 교집합을 간단히 $\mathrm{a}^{\perp}$로 나타낸다.

정리 10.6

a와 b가 $\mathbb{P}^2(\mathbb{R})$의 임의의 서로 다른 두 점일 때, 그에 대응하는 2차원 평면 $\{a, b\}$의 형태에 따라 다음이 성립한다.

(1) $\{a, b\}$의 형태가 $(0, 2)$일 때, $a^\perp$과 $b^\perp$이 서로 만나고, 그 역도 성립한다.

(2) $\{a, b\}$의 형태가 $(0, 1)$일 때, $a^\perp$과 $b^\perp$이 서로 평행하고, 그 역도 성립한다.

(3) $\{a, b\}$의 형태가 $(1, 1)$일 때, $a^\perp$과 $b^\perp$이 서로 초평행하고, 그 역도 성립한다.

증명 극선의 정의에 의해, $a^\perp \cap b^\perp = \{c\}$일 때 다음 등식이 성립한다.

$$a^T A c = b^T A c = 0$$

따라서 임의의 $\lambda, \mu \in \mathbb{R} \cup \{\infty\}$에 대하여 $c^T A(\lambda a + \mu b) = 0$이다. 다시 말해서, 2차원 평면 $\{a, b\}$은 $a^\perp \cap b^\perp$의 극선이다. 한편, 정의에 의해 다음이 성립한다.

(i) $a^\perp$과 $b^\perp$이 서로 만날 필요충분조건은 $a^\perp \cap b^\perp$이 C의 내부에 있는 것이다. 하지만 이것은 $a^\perp \cap b^\perp$의 극선이 C와 만나지 않는다는 것과 동치이고, 또한 $\{a, b\}$의 형태가 $(0, 2)$이라는 명제와 동치이다.

(ii) $a^\perp$과 $b^\perp$이 서로 평행할 필요충분조건은 $a^\perp \cap b^\perp$이 C 위에 놓여 있는 것이다. 위의 (i)과 같이, 이것은 $a^\perp \cap b^\perp$의 극선이 C와 접한다는 것과 동치이고, 또한 $\{a, b\}$의 형태가 $(0, 1)$이라는 명제와 동치이다.

(iii) $a^\perp$과 $b^\perp$이 서로 초평행할 필요충분조건은 $a^\perp \cap b^\perp$이 C의 외부에 놓여 있는 것이다. 위의 (i)과 같이, 이것은 $a^\perp \cap b^\perp$의 극선이 C와 만나다는 것과 동치이고, 또한 $\{a, b\}$의 형태가 $(1, 1)$이라는 주장과 동치이다. ■

만일 $a^\perp$과 $b^\perp$이 서로 만난다면 $\{a, b\}$의 형태가 $(0, 2)$이므로 $\langle a, a\rangle = \langle b, b\rangle = -1$이라고 가정해도 된다. 따라서 이 경우에는 위의 표에 의해

$$\langle a, b\rangle^2 < 1, \text{ 즉 } -1 < \langle a, b\rangle < 1$$

이 성립한다.

정의 10.7

a와 b가 $\langle a, a\rangle = \langle b, b\rangle = -1$를 만족하는 $\mathbb{P}^2(\mathbb{R})$의 임의의 서로 다른 두 점일 때, $a^{\perp}$과 $b^{\perp}$이 서로 만난다고 가정하자. 이때 **a와 b 사이의 각** θ를 다음 등식을 이용하여 정의한다.

$$\langle a, b\rangle = \cos\theta$$

앞으로, 특별한 언급이 없으면 $x \in H^2$의 대표원으로 $\langle x, x\rangle = 1$을 만족하는 것을 택하는 것으로 한다.

다음으로 H^2의 임의의 두 점 사이의 거리를 정의하고자 한다. 이를 위해, 먼저 다음 보조정리를 증명한다.

보조정리 10.8

x와 y가 H^2의 임의의 두 점일 때, 다음 부등식이 성립한다.

$$\langle x, y\rangle \geq 1$$

증명 증명을 위해, 먼저 $m = \dfrac{x+y}{2}$라 하자. 그러면 쌍곡포물면의 볼록성을 이용하여 다음 부등호가 성립함을 알 수 있다.

$$\langle m, m\rangle \geq 1, \text{ 즉 } \langle x, x\rangle + 2\langle x, y\rangle + \langle y, y\rangle \geq 4$$

따라서 가정에 의해 $\langle x, x\rangle = \langle y, y\rangle = 1$이므로 $\langle x, y\rangle \geq 1$이다. ■

정의 10.9

x와 y가 H^2의 임의의 두 점일 때, x와 y 사이의 거리함수 $d(\mathbf{x}, \mathbf{y})$를 다음 등식을 이용하여 정의한다.

$$\langle \mathbf{x}, \mathbf{y} \rangle = \cosh(d(\mathbf{x}, \mathbf{y})), \text{ 즉 } d(\mathbf{x}, \mathbf{y}) = \cosh^{-1}(\langle \mathbf{x}, \mathbf{y} \rangle)$$

단, 여기서 $d(\mathbf{x}, \mathbf{y})$는 $d(\mathbf{x}, \mathbf{y}) \geq 0$인 조건을 만족하도록 택한다.

다음 보조정리가 성립한다.

보조정리 10.10

x, y, z가 H^2의 임의의 세 점일 때, 다음이 성립한다.

(1) 직선 xy가 $\mathbf{x} \times \mathbf{y}$의 극선이다.

(2) $\langle \mathbf{x} \times \mathbf{y}, \mathbf{x} \times \mathbf{y} \rangle = -\sinh^2(d(\mathbf{x}, \mathbf{y}))$이고 따라서

$$\|\mathbf{x} \times \mathbf{y}\| = \sinh(d(\mathbf{x}, \mathbf{y}))$$

이다. 단, 여기서

$$\|\mathbf{x} \times \mathbf{y}\|^2 = -\langle \mathbf{x} \times \mathbf{y}, \mathbf{x} \times \mathbf{y} \rangle$$

를 의미한다.

증명 (1) 정의에 의해, 다음 등식이 성립한다.

$$\langle \mathbf{x} \times \mathbf{y}, \mathbf{x} \rangle = \langle \mathbf{x} \times \mathbf{y}, \mathbf{y} \rangle = 0$$

따라서 직선 xy가 $\mathbf{x} \times \mathbf{y}$의 극선이다.

(2) **[보조정리 10.4]**에 의해,

$$\langle \mathbf{x} \times \mathbf{y}, \mathbf{x} \times \mathbf{y} \rangle = 1 - \langle \mathbf{x}, \mathbf{y} \rangle^2 = 1 - \cosh^2(d(\mathbf{x}, \mathbf{y})) = -\sinh^2(d(\mathbf{x}, \mathbf{y}))$$

이므로 보조정리가 성립한다. ■

따름정리 10.11

x, y, z가 H^2의 임의의 서로 다른 세 점일 때, 두 직선 xy와 yz 사이의 각을 θ라 하자. 이때 다음 등식이 성립한다.

$$\cos\theta = \frac{\langle \mathbf{x}\times\mathbf{y}, \mathbf{y}\times\mathbf{z}\rangle}{\sinh(d(\mathbf{x},\mathbf{y}))\sinh(d(\mathbf{x},\mathbf{z}))}$$

증명 O를 $\mathbb{R}^3$의 원점이라 할 때, 두 직선 xy와 yz 사이의 각 θ는 $O, \mathbf{x}, \mathbf{y}$에 의해 생성된 평면 P_1과 $O, \mathbf{z}, \mathbf{y}$에 의해 생성된 평면 P_2 사이의 각과 같다. 한편 $\mathbf{x}\times\mathbf{y}$는 평면 P_1에 수직이고 $\mathbf{z}\times\mathbf{y}$는 평면 P_2에 수직이므로 P_1과 P_2 사이의 각은 $\mathbf{x}\times\mathbf{y}$와 $\mathbf{z}\times\mathbf{y}$ 사이의 각과 같다. 따라서 θ를 **[보조정리 10.10]**의 (2)에 의해 다음 등식을 이용하여 구할 수 있다.

$$-\langle \mathbf{x}\times\mathbf{y}, \mathbf{z}\times\mathbf{y}\rangle = \|\mathbf{x}\times\mathbf{y}\|\|\mathbf{y}\times\mathbf{z}\|\cos\theta = \sinh(d(\mathbf{x},\mathbf{y}))\sinh(d(\mathbf{y},\mathbf{z}))\cos\theta$$

즉, 다음 등식이 성립한다.

$$\cos\theta = \frac{\langle \mathbf{x}\times\mathbf{y}, \mathbf{y}\times\mathbf{z}\rangle}{\sinh(d(\mathbf{x},\mathbf{y}))\sinh(d(\mathbf{y},\mathbf{z}))}$$

■

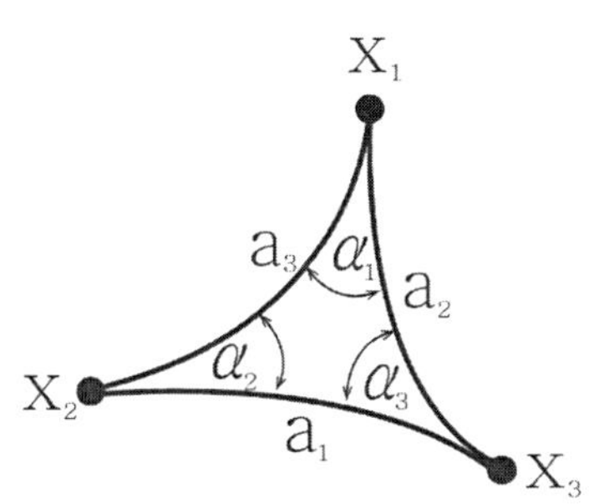

[그림 10.18]

기호를 간단히 하기 위해, 이 절에서는 앞으로 다음 사항을 가정한다. 즉, $\Delta\mathbf{x}_1\mathbf{x}_2\mathbf{x}_3$가 H^2 위에 놓여 있는 쌍곡삼각형일 때, $\Delta\mathbf{x}_1\mathbf{x}_2\mathbf{x}_3$가 다음 두 조건 (i)과 (ii)를 만족한다([그림 10.18]).

(i) 세 꼭짓점 $\mathbf{x}_1$, $\mathbf{x}_2$, $\mathbf{x}_3$의 내부의 각이 각각 α_1, α_2, α_3이다.

(ii) 세 꼭짓점 $\mathbf{x}_1$, $\mathbf{x}_2$, $\mathbf{x}_3$와 마주보는 변의 길이가 각각 a_1, a_2, a_3이다.

이때, 다음 정리가 성립한다.

정리 10.12

각각의 $1 \le i \le 3$에 대하여 다음 등식이 성립한다.

$$\cosh a_{i+1} = \cosh a_i \cosh a_{i+2} - \sinh a_i \sinh a_{i+2} \cos\alpha_{i+1},$$
$$\cos\alpha_{i+1} = -\cos\alpha_i \cos\alpha_{i+2} + \cosh a_{i+1} \sin\alpha_i \sin\alpha_{i+2}$$

단, 여기서 $\alpha_4 = \alpha_1$이고 $a_4 = a_1$이다.

증명 증명을 위해, **[보조정리 10.4]**의 (2)에서 얻은 다음 등식을 이용한다.

$$\langle \mathbf{x}_1 \times \mathbf{x}_2, \mathbf{x}_2 \times \mathbf{x}_3 \rangle = \varepsilon(\langle \mathbf{x}_1, \mathbf{x}_2 \rangle \langle \mathbf{x}_2, \mathbf{x}_3 \rangle - \langle \mathbf{x}_1, \mathbf{x}_3 \rangle \langle \mathbf{x}_2, \mathbf{x}_2 \rangle), \quad \varepsilon = 1$$

한편, **[따름정리 10.11]**에 의해

$$\langle \mathbf{x}_1 \times \mathbf{x}_2, \mathbf{x}_2 \times \mathbf{x}_3 \rangle = \cos\alpha_2 \sinh a_3 \sinh a_1$$

이고

$$\langle \mathbf{x}_1, \mathbf{x}_2 \rangle \langle \mathbf{x}_2, \mathbf{x}_3 \rangle - \langle \mathbf{x}_1, \mathbf{x}_3 \rangle \langle \mathbf{x}_2, \mathbf{x}_2 \rangle = \cosh a_3 \cosh a_1 - \cosh a_2$$

이다. 따라서 다음 등식이 성립한다.

$$\cosh a_2 = \cosh a_1 \cosh a_3 - \sinh a_1 \sinh a_3 \cos\alpha_2$$

비슷한 방법으로, 다른 경우도 쉽게 증명할 수 있다.

정리의 두 번째 등식을 증명하기 위해, 측지삼각형의 각 변의 극점을 고려한다. 실제로, **[보조정리 10.10]**에 의해 직선 $\mathbf{x}_1\mathbf{x}_2$가 $\mathbf{x}_1 \times \mathbf{x}_2$의 극선이다. 따라서 $\mathbf{x}_1\mathbf{x}_2$의 극점은

$$\frac{x_1 \times x_2}{\sinh a_3}$$

이다. 이제 u_1, u_2, u_3를 다음과 같이 정의하자.

$$x_1 \times x_2 = u_3 \sinh a_3,\ x_3 \times x_1 = u_2 \sinh a_2,\ x_2 \times x_3 = u_1 \sinh a_1$$

그러면

$$\langle u_1 \times u_2, u_2 \times u_3 \rangle = \langle u_1, u_2 \rangle \langle u_2, u_3 \rangle - \langle u_1, u_3 \rangle \langle u_2, u_2 \rangle$$

이고

$$\langle u_1 \times u_2, u_1 \times u_2 \rangle = 1 - \langle u_1, u_2 \rangle^2 = 1 - \cos^2\alpha_3 = \sin^2\alpha_3$$

이다. 또한

$$\begin{aligned} u_1 \times u_2 &= \frac{x_2 \times x_3}{\sinh a_1} \times \frac{x_3 \times x_1}{\sinh a_2} \\ &= \frac{1}{\sinh a_1 \sinh a_2}(\langle x_2 \times x_3, x_1 \rangle x_3 - \langle x_2 \times x_3, x_3 \rangle x_1) \\ &= \frac{\langle x_2 \times x_3, x_1 \rangle}{\sinh a_1 \sinh a_2} x_3 \end{aligned}$$

이다. 따라서 $\langle x_3, x_3 \rangle = 1$이므로 $u_1 \times u_2 = \sin\alpha_3 x_3$이다. 비슷한 방법으로

$$u_2 \times u_3 = \frac{\langle x_3 \times x_1, x_2 \rangle}{\sinh a_2 \sinh a_3} x_1 = \sin\alpha_1 x_1,\ \langle x_1, x_1 \rangle = 1$$

이다. 따라서 다음 등식이 성립한다.

$$\begin{aligned} \sin\alpha_3 \sin\alpha_1 \langle x_3, x_1 \rangle &= \langle u_1 \times u_2, u_2 \times u_3 \rangle \\ &= \langle u_1, u_2 \rangle \langle u_2, u_3 \rangle - \langle u_1, u_3 \rangle \langle u_2, u_2 \rangle \\ &= \cos\alpha_3 \cos\alpha_1 + \cos\alpha_2 \end{aligned}$$

마지막으로 $\langle x_1, x_3 \rangle = \cosh a_2$이므로

$$\cos\alpha_2 = -\cos\alpha_1 \cos\alpha_3 + \cosh a_2 \sin\alpha_1 \sin\alpha_3$$

이다. 나머지 경우도 비슷한 방법으로 증명된다. ■

따름정리 10.13

H^2상에서 정의된 거리함수 d는 삼각부등식을 만족한다. 즉, 각각의 $1 \le i \le 3$에 대하여 다음 부등식이 성립한다.

$$a_{i+1} \le a_i + a_{i+2}$$

증명 **[정리 10.12]**에 의해,

$$\cosh a_{i+1} \le \cosh a_i \cosh a_{i+2} + \sinh a_i \sinh a_{i+2} = \cosh(a_i + a_{i+2})$$

가 성립한다. 한편 임의의 음이 아닌 x에 대하여 $\cosh(x)$는 증가함수이므로 다음 부등식이 성립한다.

$$a_{i+1} \le a_i + a_{i+2}, \ 1 \le i \le 3$$

■

따름정리 10.14

$\alpha_2 = \frac{\pi}{2}$일 때, 다음 등식이 성립한다.

(1) $\cosh a_2 = \cosh a_1 \cosh a_3$

(2) $\cos\alpha_1 = \cosh a_1 \sin\alpha_3$, $\sinh\alpha_3 = \sinh a_3 \sin\alpha_1$

(3) $\sinh a_1 = \sinh a_2 \sin\alpha_1$, $\sinh a_3 = \sinh a_2 \sin\alpha_3$

증명 (1)의 증명은 **[정리 10.12]**로부터 자명하므로 (3)만 증명한다. 실제로, (1)의 등식을 이용하여 다음 등식을 보일 수 있다.

$$\begin{aligned}\cosh a_1 &= \cosh a_2 \cosh a_3 - \sinh a_2 \sinh a_3 \cos\alpha_1 \\ &= \cosh a_1 \cosh a_3 \cosh a_3 - \sinh a_2 \sinh a_3 \cos\alpha_1 \\ &= (1 + \sinh^2 a_3)\cosh a_1 - \sinh a_2 \sinh a_3 \cos\alpha_1\end{aligned}$$

따라서 $\cosh a_1 \sinh a_3 = \sinh a_2 \cos\alpha_1$이 성립한다. 이제 (2)의 등식을 이용하여

$$\cosh a_1 \sinh a_3 = \sinh a_2 \cosh a_1 \sin\alpha_3$$

를 얻는다. 즉 $\sinh a_3 = \sinh a_2 \sin\alpha_3$가 성립한다. 다른 등식도 비슷하게 증명된다.

■

쌍곡기하학에서도 유클리드 기하학에서 성립하는 사인 법칙과 유사한 법칙이 성립한다. 이를 보이기 위해, 먼저 다음 보조정리를 증명한다.

보조정리 10.15

임의의 점 $\mathrm{a} \in \mathbb{P}^2(\mathbb{R})$에 대하여, $\mathrm{b} \in H^2$가 H^2상에 놓여 있는 a의 극선 $\mathrm{a}^\perp$상에 있지 않는다고 가정하자. 이때 다음이 성립한다([그림 10.19]).

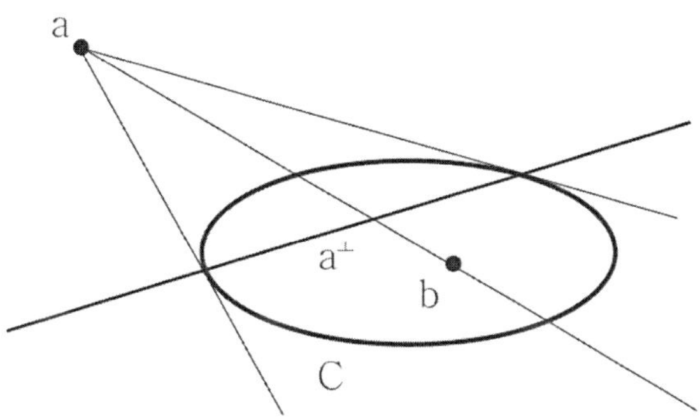

[그림 10.19]

(1) b를 통과하며 $\mathrm{a}^\perp$에 수직인 직선이 존재한다.

(2) b와 $\mathrm{a}^\perp$ 사이의 거리가 d일 때, $\langle \mathrm{a}, \mathrm{b} \rangle = \sinh d$이다.

증명 (1) $\langle \mathrm{a}, \mathrm{a} \times \mathrm{b} \rangle = 0$이므로 $\mathrm{a} \times \mathrm{b}$가 $\mathrm{a}^\perp$에 놓여 있다. 따라서 $\mathrm{a}^\perp$는 $\mathrm{b}_1 + \mu \mathrm{a} \times \mathrm{b}$의 형태이다. 한편 a와 b를 통과하는 직선 ab는 $\mathrm{b} + \lambda \mathrm{a}$형태이므로 ab는 $\mathrm{a}^\perp$에 수직이다.

(2) p_0를 ab와 $\mathrm{a}^\perp$의 교점이라 하자. 그러면, 가정에 의해 다음 등식이 성립한다.

$$\langle \mathrm{p}_0, \mathrm{a} \rangle = 0,\ \langle \mathrm{p}_0, \mathrm{p}_0 \rangle = 1,\ \cosh d = \langle \mathrm{b}, \mathrm{p}_0 \rangle$$

한편 $\mathrm{p}_0 = \lambda \mathrm{b} + \mu \mathrm{a}$의 형태이므로 위의 식을 이용하여 다음 등식을 얻을 수 있다.

$$\lambda(\lambda + \mu \langle \mathrm{a}, \mathrm{b} \rangle) = 1,\ \lambda \langle \mathrm{a}, \mathrm{b} \rangle - \mu = 0,\ \lambda + \mu \langle \mathrm{a}, \mathrm{b} \rangle = \cosh d$$

따라서 $\lambda = \dfrac{1}{\cosh d}$이고 $\langle \mathrm{a}, \mathrm{b} \rangle = \sinh d$이다. ■

정리 10.16

다음 등식이 성립한다.

$$\frac{\sinh a_1}{\sin\alpha_1} = \frac{\sinh a_2}{\sin\alpha_2} = \frac{\sinh a_3}{\sin\alpha_3}$$

증명 증명을 위해, 먼저 x_1으로부터 직선 x_2x_3로 수선 h를 그어 p를 h의 수선의 발이라 하자([그림 10.20]). 그런 다음, $d = d(x_1, p)$라 할 때 두 개의 측지직각삼각형 Δx_1px_2와 Δx_1px_3에 **[따름정리 10.14]**의 (3)을 적용하여 다음 등식을 얻는다.

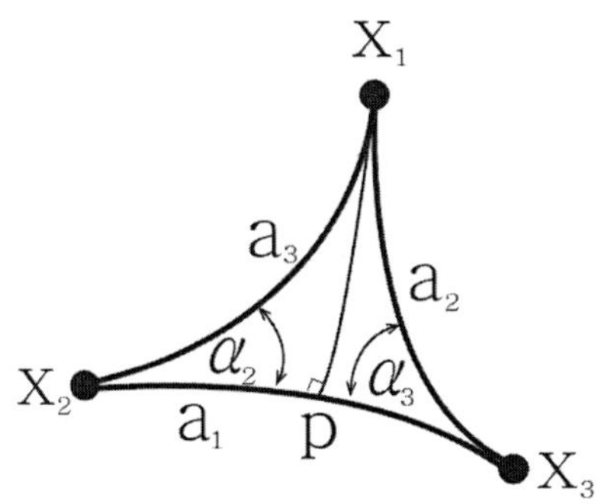

[그림 1.20]

$$\sinh d = \sinh a_3 \sin\alpha_2,\ \ \sinh d = \sinh a_2 \sin\alpha_3$$

따라서 $\sinh a_2 \sin\alpha_3 = \sinh a_3 \sin\alpha_2$가 성립한다. 즉

$$\frac{\sinh a_2}{\sin\alpha_2} = \frac{\sinh a_3}{\sin\alpha_3}$$

이다. 나머지 경우도 비슷하게 증명된다. ■

따름정리 10.17

임의의 점 $a \in \mathbb{P}^2(\mathbb{R})$에 대하여, $b \in H^2$가 H^2상에 놓여 있는 a의 극선 $a^\perp$상에 있지 않는다고 가정하자. 또한 p가 직선 ab와 $a^\perp$의 교점이고 q가 $a^\perp$와 쌍곡원뿔곡

선 C의 교점이라 할 때, θ를 두 직선 bq와 bp 사이의 각이라 하자. 이때 다음이 성립한다.

(1) 직선 ab와 $a^{\perp}$이 p에서 수직으로 만난다.

(2) θ가 다음과 같이 주어진다.

$$\sin\theta = \operatorname{sech} d, \quad \tan\frac{\theta}{2} = e^{-d}$$

단, 여기서 d는 b와 p 사이의 거리이다. 결론적으로, b를 통과하고 $a^{\perp}$에 평행한 직선과 bp 사이의 각은 항상 θ로 일정하다. 이때 θ를 **평행각**(angle of parallelism)이라 한다.

증명 (1)은 **[보조정리 10.15]**의 (1)에 의해 성립한다.

(2) (i) x를 p와 다른 $a^{\perp}$ 위에 놓여 있는 점이라 할 때, 측지직각삼각형 Δbpx에 **[따름정리 10.14]**의 (2)를 적용하여 다음 등식을 얻을 수 있다([그림 10.21]).

$$\cos\beta = \cosh d \sin\alpha$$

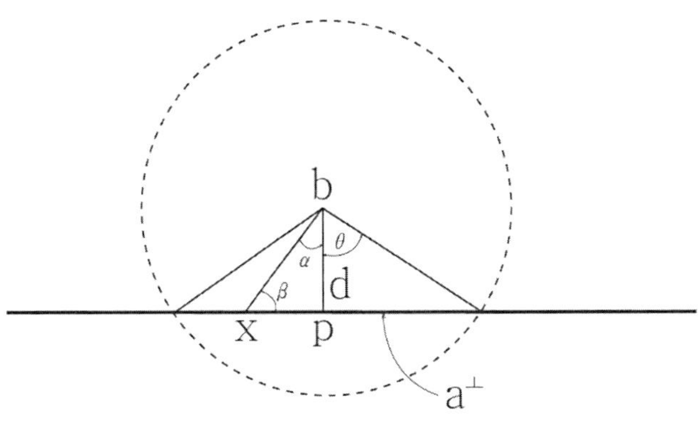

[그림 10.21]

단, 여기서 α는 bp와 bx 사이의 각이고 β는 xb와 xp 사이의 각을 나타낸다. 그런 다음, x를 q로 극한을 택하면 β는 0으로 접근한다. 따라서 위의 식으로부터 다음 등식을 얻는다.

$$1 = \cosh d \sin\theta$$

따라서 $\sin\theta = \operatorname{sech} d$가 성립한다.

(ii) 두 번째 등식을 얻기 위해, $t = \tan\frac{\theta}{2}$라 하자. 그러면 $\sin\theta = \frac{2t}{1+t^2}$가 된다. 따라서

$$\operatorname{sech} d = \frac{2}{e^d + e^{-d}} = \sin\theta = \frac{2t}{1+t^2}$$

이므로

$$e^d + e^{-d} = t + t^{-1}$$

이다. 즉, $t = e^d$이거나 또는 e^{-d}이다. 한편 $0 < \theta < \frac{\pi}{2}$이므로 $0 < \tan\frac{\theta}{2} < 1$이다. 따라서 $t = e^{-d}$이다. ■

쌍곡기하학은 유클리드 기하학과 다른 여러 가지 흥미로운 성질을 만족한다. 예를 들어, 임의의 자연수 $n \geq 3$과 $0 < \alpha < \frac{(n-2)\pi}{n}$를 만족하는 임의의 실수 α에 대하여, α와 n을 각각 내각과 변의 개수로 가지는 정다각형(regular n-gon)이 H^2에 항상 존재한다. 특히, $n \geq 5$일 때 $\alpha = \frac{\pi}{2}$와 n을 각각 내각과 변의 개수로 가지는 정다각형이 존재한다. 따라서 이 정다각형의 내각의 합 $\frac{n\pi}{2}$는

$$2\pi < \frac{5\pi}{2} \leq \frac{n\pi}{2} < \pi(n-2), \quad n \geq 5$$

를 만족한다. 유클리드 평면에 놓여 있는 n개의 변을 가진 정다각형의 내각의 합이 $\pi(n-2)$이므로 이것은 유클리드 기하학에서는 성립하지 않는 쌍곡기하학만의 독특한 성질이다. [그림 10.22]의 다각형은 내각이 모두 $\frac{\pi}{2}$인 예이다.

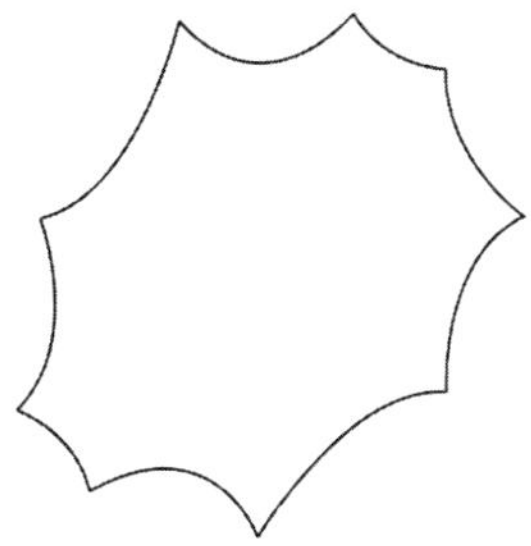

[그림 10.22]

10.5 타원 삼각법

2차원 타원평면 P^2의 대표원을 3차원 벡터공간 $\mathbb{R}^3$에 놓여 있는 단위구 S^2에서 택할 수 있다. 정의에 의해, $\mathbf{x} \in S^2$와 $-\mathbf{x}$는 P^2에서 같은 점을 나타내고, 임의의 두 점 $\mathbf{x}, \mathbf{y} \in P^2$ 사이의 거리는 $\mathbb{R}^3$에 있는 두 직선 $O\mathbf{x}$와 $O\mathbf{y}$ 사이의 예각에 의해 주어진다. 따라서 다음 등식이 성립한다.

$$\cos(d(\mathbf{x}, \mathbf{y})) = |\langle \mathbf{x}, \mathbf{y} \rangle|$$

단, 여기서 $\langle \mathbf{x}, \mathbf{y} \rangle$는 $\mathbb{R}^3$에서 정의된 기본내적을 나타낸다. 이 절에서는 쌍곡기하학에서 성립하는 쌍곡 삼각법과 유사한 성질인 **타원 삼각법**(elliptic trigonometry)을 2차원 타원평면 P^2에서 증명한다.

이를 위해, 앞 절에서와 같이 다음 사항을 가정한다. 즉, $\Delta\mathbf{x}_1\mathbf{x}_2\mathbf{x}_3$가 P^2 위에 놓여 있는 타원삼각형일 때, $\Delta\mathbf{x}_1\mathbf{x}_2\mathbf{x}_3$가 다음 두 조건 (i)과 (ii)를 만족한다([그림 10.23]).

(i) 세 꼭짓점 $\mathbf{x}_1$, $\mathbf{x}_2$, $\mathbf{x}_3$의 내부의 각이 각각 α_1, α_2, α_3이다.

(ii) 세 꼭짓점 $\mathbf{x}_1$, $\mathbf{x}_2$, $\mathbf{x}_3$와 마주보는 변의 길이가 각각 a_1, a_2, a_3이다.

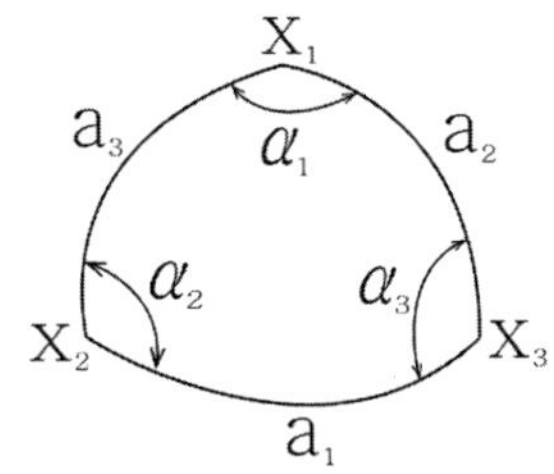

[그림 10.23]

정리 10.18

각각의 $1 \leq i \leq 3$에 대하여, 다음 등식이 성립한다.

$$\cos a_{i+1} = \cos a_i \cos a_{i+2} + \sin a_i \sin a_{i+2} \cos \alpha_{i+1}$$

단, 여기서 $a_4 = a_1$이고 $\alpha_4 = \alpha_1$이다.

증명 증명을 위해, 다음 부등식을 이용하여 $i=1$인 경우만 증명하면 충분하다.

$$\langle \mathbf{x}_1 \times \mathbf{x}_2, \mathbf{x}_2 \times \mathbf{x}_3 \rangle = \langle \mathbf{x}_1, \mathbf{x}_2 \rangle \langle \mathbf{x}_2, \mathbf{x}_3 \rangle - \langle \mathbf{x}_1, \mathbf{x}_3 \rangle \langle \mathbf{x}_2, \mathbf{x}_2 \rangle$$

실제로, 위의 오른쪽 식은 $\cos a_3 \cos a_1 - \cos a_2$이다. 한편

$$\|\mathbf{x}_1 \times \mathbf{x}_2\|^2 = -\langle \mathbf{x}_1, \mathbf{x}_2 \rangle^2 + \|\mathbf{x}_1\|^2 \|\mathbf{x}_2\|^2 = 1 - \cos^2 a_3 = \sin^2 a_3,$$

$$\|\mathbf{x}_2 \times \mathbf{x}_3\|^2 = \sin^2 a_1$$

이고 $\mathbf{x}_2 \times \mathbf{x}_1$와 $\mathbf{x}_2 \times \mathbf{x}_3$ 사이의 각이 α_2이므로

$$\langle \mathbf{x}_1 \times \mathbf{x}_2, \mathbf{x}_2 \times \mathbf{x}_3 \rangle = -\sin a_1 \sin a_3 \cos \alpha_2$$

이다. 따라서 정리의 등식이 성립한다. ■

또한 다음 등식이 성립한다(자세한 증명은 생략한다).

$$\cos \alpha_{i+1} = -\cos \alpha_i \cos \alpha_{i+2} + \sin \alpha_i \sin \alpha_{i+2} \cos a_{i+1}, \quad i = 1, 2, 3$$

위의 등식과 **[정리 10.18]**에서 $\alpha_2 = \frac{\pi}{2}$일 때, 다음과 같은 따름정리가 성립한다. 자세한 증명은 생략한다.

따름정리 10.19

$\alpha_2 = \frac{\pi}{2}$일 때, 다음 등식이 성립한다.

(1) $\cos a_2 = \cos a_1 \cos a_3$

(2) $\cos\alpha_1 = \cos a_1 \sin\alpha_3$, $\cos\alpha_3 = \cos a_3 \sin\alpha_1$

(3) $\sin a_1 = \sin a_2 \sin\alpha_1$, $\sin a_3 = \sin a_2 \sin\alpha_3$

마지막으로 타원평면에서 성립하는 사인 법칙을 증명한다.

정리 10.20

다음 등식이 성립한다.

$$\frac{\sin a_1}{\sin\alpha_1} = \frac{\sin a_2}{\sin\alpha_2} = \frac{\sin a_3}{\sin\alpha_3}$$

증명 증명을 위해, 민지 x_1에서 x_2x_3로 가는 수선을 택하고 수선이 발을 p라 하자. $d(x_1, p) = h$일 때, **[따름정리 10.19]**의 (3)을 두 측지직각삼각형 Δx_1px_2와 Δx_1px_3에 적용하자. 그러면 다음 등식을 얻을 수 있다.

$$\sin h = \sin a_3 \sin\alpha_2, \ \sin h = \sin a_2 \sin\alpha_3$$

따라서 $\sin a_3 \sin\alpha_2 = \sin a_2 \sin\alpha_3$이다. 즉 다음 등식이 성립한다.

$$\frac{\sin a_2}{\sin\alpha_2} = \frac{\sin a_3}{\sin\alpha_3}$$

나머지 경우의 등식도 비슷하게 증명된다. ■

10장 연습문제

1. 중심이 $C(c,0)$이고 반지름이 r인 원 위의 두 점 P, Q에 대하여, 반지름 CP와 CQ가 x-축의 양의 방향과 이루는 각의 크기를 각각 $\beta, \alpha\,(0 < \alpha \le \beta < \pi)$라 할 때, 쌍곡거리함수 $d(P, Q)$가

$$d(P,Q) = \ln\left(\frac{\csc\beta - \cot\beta}{\csc\alpha - \cot\alpha}\right)$$

로 주어짐을 보여라.

2. 중심이 $C(c, 0)$이고 반지름이 r인 원에 관한 역전사상 $I_{C,r}$이 다음과 같이 주어짐을 보여라.

$$I_{C,r}(x,y) = \left(\frac{r^2(x-c)}{(x-c)^2+y^2} + c,\ \frac{r^2 y}{(x-c)^2+y^2}\right)$$

3. 쌍곡반평면 H^2의 두 점 P, Q에 대하여, P와 Q를 잇는 직선이 x-축과 수직일 때, 선분 $\overline{PQ}$만큼의 평행이동이 쌍곡등장사상인지 판별하라.

4. $y = a(a > 0)$로 주어지는 직선 l에 관한 대칭이동이 쌍곡등장사상인지 판별하라.

5. $D^2 = \{z \in \mathbb{C} \mid |z| < 1\}$일 때, $z = f(w) = \dfrac{1+iw}{1-iw}$는 반평면 H^2를 D^2로 보내는 등각사상이다. 이때, 다음 등식을 증명하라.

$$f^*\left(\frac{4dzd\bar{z}}{(1-|z|^2)^2}\right) = f^*\left(4\frac{du^2+dv^2}{(1-u^2-v^2)^2}\right) = \frac{dx^2+dy^2}{y^2}$$

단, 여기서 $z = u + iv$이고 $w = x + iy$이다.

6. l이 $x^2-y^2-z^2=1$로 주어진 쌍곡포물면 H^2상에서 $y=0$로 주어진 곡선일 때, 다음과 같이 정의된 매개함수 α에 대하여 다음 물음에 답하라.

$$\alpha:\mathbb{R}\to l\subset H,\ s\mapsto(\cosh s, 0, \sinh s)$$

(1) $\int_0^u \|\alpha'(s)\|ds = u$임을 보여라.

(2) 임의의 $u\in\mathbb{R}$에 대하여,

$$d_1(0,u)=d_{H^2}(\alpha(0),\alpha(u))$$

임을 보여 α가 등장사상임을 증명하라. 단, 여기서 d_1은 $\mathbb{R}$상의 유클리드 거리함수이고 d_{H^2}는 $\mathbb{R}^3$상의 유클리드 거리함수를 H^2에 유도하여 얻은 거리함수이다.

Introduction to Geometry

부록 1
군의 기본성질

이 부록에서는 군의 정의와 몇 가지 기본적인 성질을 간단히 정리한다. 부록 1과 부록 2에 관하여 더 자세한 내용은 김응태-박승안(2019), Neumann, Stoy, Thompson (1994), 그리고 Ryan(2009)을 참고하기 바란다.

먼저, 집합 $G(\neq \phi)$위에 연산 $\circ$이 정의되어 있고 다음 성질이 성립할 때, $(G, \circ)$를 **군**(group)이라 한다.

(0) 임의의 두 원소 $a,b \in G$에 대하여, $a \circ b \in G$이다.
(1) 임의의 세 원소 $a,b,c \in G$에 대하여, $(a \circ b) \circ c = a \circ (b \circ c)$가 성립한다 (**결합법칙**).
(2) 특정한 원소 $e \in G$가 존재하여, 모든 $a \in G$에 대하여 $a \circ e = e \circ a = a$ 이다 (**항등원(identity) 존재**).
(3) 각 원소 $a \in G$에 대하여, $a \circ x = x \circ a = a$를 만족하는 $x \in G$가 존재한다. 이때, $x = a^{-1}$라 나타내고 a의 **역원**(inverse)이라 부른다.

군 $(G, \circ)$에서 연산을 구체적으로 언급할 필요가 없을 때, $(G, \circ)$를 G로 $a \circ b$를 ab로 나타낸다.

또한, 군 G가 다음 조건을 만족할 때, **가환군** 또는 **아벨군**(abelian group)이라 한다. 즉, 모든 $a,b \in G$에 대하여, $ab = ba$이다.

군 G의 부분집합 H가 다음 조건을 만족할 때, G의 **부분군**(subgroup)이라 하고 $H \leq G$로 나타낸다.

(1) 임의의 두 원소 $a,b \in H$에 대하여, $ab \in H$이다.

(2) $e \in H$

(3) 임의의 원소 $a \in H$에 대하여, $a^{-1} \in H$이다.

사실, 부분군에 관해 다음 보조 정리가 성립한다.

보조정리 1.1

군 G의 부분집합 H가 부분군일 필요충분조건은 임의의 두 원소 $a, b \in H$에 대하여 $a^{-1}b \in H$이다.

H가 G의 부분군일 때, 임의의 원소 $a \in G$에 대하여

$$aH = \{ah \mid h \in H\}, \quad Ha = \{ha \mid h \in H\}$$

를 각각 G에서 H의 **좌잉여류**(left coset), H의 **우잉여류**(right coset)라 하고 a를 aH와 Ha의 **대표원**이라 한다. 좌잉여류의 개수를 G에서 H의 **지수**(index)라 하고 $[G:H]$로 나타낸다.

정리 1.2 (라그랑주의 정리)

G가 유한군일 때, $|G| = [G:H]|H|$이다. 여기서 $|G|$와 $|H|$는 G와 H의 모든 원소의 개수를 나타낸다. 따라서 유한군 G에서 모든 부분군 H의 위수는 $|G|$의 약수가 된다.

군 G의 부분군 H 중에서 좌잉여류와 우잉여류가 같은 (즉, $aH = Ha$) 부분군을 **정규부분군**(normal subgroup)이라 한다. 한편, 정규부분군의 조건 $aH = Ha$는 $a^{-1}Ha = H$와 동치이다.

두 개의 군 $(G, \circ)$과 $(H, *)$에 대하여, 사상

$$f : (G, \circ) \to (H, *)$$

가 군 구조를 보존할 때(즉, $f(a \circ b) = f(a) * f(b)$), f를 **준동형사상**(homomorphism)이라 한다. 이때,

$$\mathrm{Im}(f) = \{f(a) \mid a \in G\}$$

를 f의 **상** 또는 **치역**(image)이라 하고

$$\mathrm{Ker}(f) = \{a \in G \mid f(a) = e\}$$

를 f의 **커늘(kernel)** 또는 **핵**(kernel)이라 한다. $\mathrm{Im}(f)$는 H의 부분군이고 $\mathrm{Ker}(f)$는 항상 G의 정규부분군이다.

f가 준동형사상이고 전단사함수일 때, f을 **동형사상**(isomorphism)이라 하고 이때, G와 H는 **서로 동형이다**라고 말한다.

정리 1.3
$f : G \to H$가 준동형사상일 때, $G/\mathrm{Ker}(f)$은 $\mathrm{Im}(f)$와 동형이다.

특별한 형태의 가환군에 순환군(cyclic group)이 있다. 군 G의 각 원소 $a \in G$에 대하여

$$\langle a \rangle = \{a^i \mid i \in Z\} = \{\ \ldots, a^{-2}, a^{-1}, e, a, a^2, \ldots\ \}$$

라 하면, $\langle a \rangle$는 G의 부분군이 되고 $\langle a \rangle$를 a를 **생성원**(generator)으로 갖는 **순환군**(cyclic group)이라 한다. $a^m = e$을 만족하는 가장 작은 양의 정수 m을 a의 **위**

수(order)라 하고, 모든 양의 정수 m에 대하여 $a^m \neq e$인 경우에는 a가 **무한위수**(infinite order)를 갖는다고 말한다.

군 G의 임의의 원소 g와 $x \in G$에 대하여, $g^{-1}xg$를 x의 g에 의한 **공액**(conjugate)이라 한다. $\{g^{-1}xg \mid g \in G\}$를 G에서 x의 **공액류**(conjugate class)라 한다. G에서 x의 **중심화부분군**(centralizer)은

$$C_G(x) = \{g \in G \mid g^{-1}xg = x\}$$

로 정의된다.

두 개의 군 $(G, \circ)$, $(H, *)$에 대하여, G와 H의 **직적**(direct product) $G \times H$는

$$G \times H = \{(a, b) \mid a \in G, b \in H\}$$

에 $(a_1, b_1) \cdot (a_2, b_2) = (a_1 \circ a_2, b_1 * b_2)$의 연산을 가진 군을 말한다.

X가 집합일 때, X에서 X로 가는 전단사함수를 **치환**(permutation)이라 한다. X의 모든 치환들의 모임은 군을 이루고 **대칭군**(symmetric group)이라 하며 $S(X)$로 나타낸다.

집합 $X = \{x_1, x_2, \ldots, x_n\}$일 때, $S(X)$를 S_n으로 나타내고 그 원소 σ를

$$\sigma = \begin{pmatrix} x_1 & x_2 & \ldots & x_n \\ \sigma(x_1) & \sigma(x_2) & \ldots & \sigma(x_n) \end{pmatrix}$$

으로 나타내면 편리하다. 특히, $X_n = \{1, 2, \ldots, n\}$일 때, $\sigma : X_n \rightarrow X_n$가 r개의 자연수 $i_1, i_2, \ldots, i_r$을 순환적으로 변환시키고 그 나머지 자연수를 고정시킬 때, σ를 r차

순환치환(cyclic permutation)이라 하고 $\sigma=(i_1 i_2 \cdots i_r)$로 나타낸다. 특히, $r=2$인 순환치환을 **호환**(transposition)이라 한다. 모든 순환치환은 호환들의 합성으로 표현할 수 있다. 즉,

$$(i_1 i_2 i_3 \cdots i_r)=(i_1 i_2)(i_1 i_3)\cdots(i_1 i_r)$$

이다. 대칭군 $(S_n, \circ)$에서 짝수개의 호환들의 합성으로 나타나는 치환들의 모임은 부분군을 이루고, 이 부분군을 **교대군**(alternating group)이라 하며 A_n으로 나타낸다. 교대군 A_n의 위수는 $\frac{n!}{2}$이고 S_n의 정규부분군으로 **단순군**(simple group)이다. 여기서 단순군이란 자기 자신과 자명한 군만이 정규부분군인 군을 말한다.

Introduction to Geometry

부록 2

군작용

G를 군이라 하고 $X(\neq \phi)$를 집합이라 하자. 사상

$$G \times X \to X,\ (g,x) \mapsto g \cdot x$$

가 다음 두 조건을 만족할 때, 이 사상을 X 위에서의 G의 **작용(action)** 또는 **X 위의 G-작용**이라 한다.

(1) $(gh) \cdot x = g \cdot (h \cdot x),\ g,h \in G,\ x \in X$

(2) $e \cdot x = x,\ x \in G$

군작용 대표적인 예로, 집합 X의 대칭군 $S(X)$은 X에 자연스럽게 작용한다. 즉,

$$S(X) \times X \to X,\ (f,x) \mapsto f(x)$$

는 X 위에서 $S(X)$의 작용이다.

G를 군이라 하고, $X = G$라 할 때 G의 작용

$$G \times G \to G,\ (g,x) \mapsto gx$$

에 의해 G는 G에 작용한다. 군 G에서 대칭군 $S(X)$로의 준동형사상

$$\varphi : G \to S(X)$$

를 G의 **치환표현**(permutation representation)이라 하고 $\mathrm{Ker}(\varphi)$를 **치환표현의 핵**이라 한다. 특히, $\mathrm{Ker}(\varphi) = \{e\}$일 때, φ를 **G의 충실한 치환표현**(faithful representation)이라 한다.

군 G가 집합 X에 작용할 때, G의 **궤도**(orbit) $\mathrm{Orb}(x)$는

$$\mathrm{Orb}(x) = \{g \cdot x \mid g \in G\}$$

로 정의된다. 특히, 두 궤도 $\mathrm{Orb}(x)$, $\mathrm{Orb}(y)$가 서로 같을 필요충분조건은 $y=g\cdot x$인 $g\in G$가 존재하는 것이다. 각 원소 $x\in X$에 대하여,

$$\mathrm{Stab}(x)=\{g\in G \mid g\cdot x=x\}$$

은 G의 부분군이고 G의 x에서의 **안정화부분군**(stabilizer)이라 한다.

정리 2.1

유한군 G가 유한집합 X에 작용할 때, 각 $x\in X$를 포함하는 궤도 $\mathrm{Orb}(x)$는 다음 등식을 만족한다.

$$|\mathrm{Orb}(x)|=[G:\mathrm{Stab}(x)],\ \ |G|=|\mathrm{Orb}(x)||\mathrm{Stab}(x)|$$

증명 두 집합 $\mathrm{Orb}(x)$와 $X=\{g\mathrm{Stab}(x) \mid g\in G\}$에 대하여,

$$\begin{aligned} gx=hx &\Leftrightarrow h^{-1}(gx)=h^{-1}(hx)=x \Leftrightarrow h^{-1}g\in\mathrm{Stab}(x)\\ &\Leftrightarrow g\mathrm{Stab}(x)=h\mathrm{Stab}(x)\end{aligned}$$

이 성립한다. 따라서 다음과 같이 정의된 사상

$$\varphi:\mathrm{Orb}(x)\to X,\ \ gx\mapsto g\mathrm{Stab}(x)$$

는 잘 정의된 사상이고 전단사함수이다. 따라서

$$|\mathrm{Orb}(x)|=|X|=|G:\mathrm{Stab}(x)|=\frac{|G|}{|\mathrm{Stab}(x)|}$$

가 된다. ■

Introduction to Geometry

부록 3

유명 기하학자들의 삶

이 부록에서는 독자들의 이해를 돕기 위해 기하학에서 위대한 업적을 남긴 몇몇 유명 수학자들의 삶을 정리한다. 본 부록의 내용은 다음백과사전과 위키백과 등을 발췌하여 작성되었다.

(1) 유클리드(또는 에우클레이데스, 그리스)

유클리드(Euclid)는 고대 그리스의 수학자이자 소설가라고 알려져 있지만, 고대 이집트의 수학자였을 가능성도 있다. 유클리드가 어느 나라 수학자인지 확실하게 아는 사람은 아무도 없다고 전해진다. 프톨레마이오스 1세 소테르의 재위 기간(기원전 323년~기원전 283년)동안 프톨레마이오스 1세 소테르의 부탁으로 최초의 대학이자 도서관, 박물관이라고 불리는 알렉산드리아 대학에서 활동하였다. 당시 알려진 정수론 및 기하학을 체계적으로 정리한 "에우클레이데스의 원론"을 집대성한 업적을 가장 높게 평가받고 있으며 기하학 원본이라고 불리기도 한다. 원본은 그리스어로 문자라는 뜻이다.

(2) 데자르그(Girard Desargues, 1591-1661, 프랑스)

데자르그는 사영기하학의 주요 개념을 도입했으며 공학자로서 프랑스 정부의 기술고문으로 일했다. 그의 젊은 시절에 대해서는 거의 알려져 있지 않으며 1630년경 파리의 수학자 모임에서 마랭 메르센을 만났다고 전해진다. 두 삼각형의 투시도에 관한 정리가 있는 "Traité de la section perspective"(투시단면도론)을 1636년에 발표했으나, 그 당시에는 인정받지 못했다.

그의 가장 중요한 저서는 "Brouillon project d'une atteinte aux événements des rencontres d'un cône avec un plan"(원뿔과 평면이 만나는 경우를 다루려는 시도에서 나온 초안, 1639)이고 이 업적을 통해 원뿔곡선 이론에 적용되는 사영기하학에 혁신을 가져왔다. 나중에 이것은 그의 제자들 가운데 한 명인 프랑스의 수학자 블레즈 파스칼에게 상당한 영향을 주었다. 그의 저서는 2세기 동안 세상에 알려지지 않았고 1845년에 필사본이 발견되고 뒤이어 사영기하학에 대한 관심이 되살아나자, 비로소 그의 업적은 완전히 인정받게 되었다.

(3) 가우스(Carl Friedrich Gauss, 1777-1855, 독일)

가우스는 아르키메데스와 뉴턴에 버금가는 가장 뛰어난 수학자의 한 사람으로 꼽힌다. 18세기 수학이론과 방법론에 일대 변혁을 가져왔을 뿐 아니라, 혁명적인 정수이론으로 19세기 중엽에 일어났던 해석학의 급진전에도 공헌했다. 그가 말한 유명한 격언인 "수학은 과학의 여왕이고, 산술은 수학의 여왕이다"는 과학에서 차지하는 수학의 중요성을 잘 대변하고 있다.

1777년 4월 30일 그는 독일 브라운슈바이크에서 가난한 집안의 외아들로 태어났다. 그는 어려서부터 어학과 수학에서 뛰어난 재능을 보였고, 브라운슈바이크 공작의 재정적 후원 하에 중등교육과 대학교육을 마쳤다. 1795~98년까지 괴팅겐대학교에서 수학을 공부했고 1799년 헬름슈테트대학교에서 박사학위를 받았다. 학위논문의 주제는 대수학의 기본정리인 "계수가 복소수인 모든 대수방정식은 복소수해를 갖는다"는 것이었다.

그가 24세 되던 해에 출판한 "Disquisitiones Arithmeticae"(산술에 관한 논고)는 수학사에 가장 뛰어난 업적의 하나로 평가된다. 이 논문에서 그는 정수론에 관한 체계적이고도 영향력 있는 개념과 방법들을 제시했고, 합동수(congruent number) 이론과 n 면을 갖는 정다면체의 문제 등도 해결했다. 특히 복소수를 도입함으로써 근대 대수학 발전에 획기적인 전기를 마련했고, 1832년에 발표된 논문에서는 xy-평면을 도입하여 이를 더욱 정교하게 발전시켰다.

1801년 세레스(Ceres)라는 소행성의 궤도를 정확하게 계산해냄으로써 그의 뛰어난 계산능력을 전 유럽에 알릴 기회를 갖게 되었다. 그는 단지 3개의 관측기록만을 가지고 새로 개발한 최소제곱법(method of least square)을 이용해 유럽의 많은 천문학자들이 실패한 계산을 성공적으로 수행했던 것이다. 1807년에는 괴팅겐대학교의 천문학 교수 겸 천문대 소장으로 임명되었다. 1820년경부터 가우스는 측지학(geodesy : 지구의 모양과 크기를 수학적으로 연구하는 학문)에 관심을 기울였다. 헬리오트로프(heliotrope)를 발명했고, 가우스 오차곡선(Gaussian error curve)을 도입하여 확률이 어떻게 해서 정규분포곡선으로 표시될 수 있는지 증명했으며 그가 개발한 '내재곡면이론'(intrinsic-surface theory)은 제자였던 리만에 의해서 일반적인 형태를 갖추게 되었다.

가우스는 유클리드 기하학의 보편성에 의문을 제기했으며 내적으로 완벽하고 전혀 모순이 없으면서도 유클리드 평행선공리(parallel axiom)가 적용되지 않는 기하학이 실제로 존재한다는 혁명적인 결론에 도달했으나 이 생각은 너무나 급진적이어서 공표하기를 단념했다.

그의 이론은 3가지 원칙을 바탕으로 했다. "Pauca, sed matura"(소수의, 그러나 원숙한), "Ut nihil amplius desiderandum relictum sit"(더 이상 남은 일은 없다) 그리고 "극도의 엄밀함"이 그것이다. 그러나 사후에 발견된 유고들을 조사해보면 위의 세 가지 원칙들을 모두 만족시키지 못한 업적이 많았다. 그의 사후에 발행된 기념주화에는 "mathematicorum princeps"(수학의 왕자)라는 찬사의 문구가 새겨져 있다.

(4) 보요이(Janos Bolyai, 1802-1860, 헝가리)

비유클리드 기하학 창시자 중 한 사람이다. 뛰어난 수학자인 그의 아버지 포르코슈 보요이의 지도 아래 13세에 미적분학과 해석역학을 통달했으며 빈에 있는 왕립 공학

칼리지에서 공부했다. 유클리드의 평행선 공리를 증명하려는 아버지 보요이의 광적인 열성이 아들에게 영향을 미쳤고, 아버지의 충고에도 불구하고 해를 얻기 위한 자기 고유의 연구를 계속했다. 그는 1820년 증명이 불가능하다고 결론을 내리고 유클리드 공리에 의존하지 않는 기하학을 발전시키기 시작했다. 1823년 그는 완전하고 모순 없는 비유클리드 기하학의 체계인 "Appendix Scientiam Spatii Absolute Veram Exhibens"(절대로 참인 공간과학을 설명하는 부록)의 초고를 아버지에게 보냈다.

그의 연구가 출판되기 전에 보요이는 가우스가 그에 앞서 같은 연구에 착수하고 있었음을 알았다. 보요이는 그의 〈부록〉을 아버지의 수필 "Tentamen Juventutem Studiosam in Elementa Matheseos Purae Introducendi"(학문을 사랑하는 젊은이에게 순수수학의 기초를 소개하려는 시도, 1832)와 함께 출판했다. 하지만, 이 수필은 다른 수학자들의 관심을 끌지 못했다. 1848년 그는 로바체프스키가 이미 1829년에 사실상 같은 기하학 보고서를 발표했음을 알게 되었다.

보요이는 수학연구를 계속했으나, 살아 있는 동안 그의 업적은 중요성을 인정받지 못했다. 그는 비유클리드 기하학 연구와 더불어 복소수를 실수들의 순서쌍으로 보는 기하학적 개념을 발전시켰다.

(5) 로바체프스키(Nikolay Ivanovich Lobachevsky, 1792-1856, 러시아)

보요이와 함께 비유클리드 기하학의 창시자로 여겨진다. 그는 가난한 공무원의 아들로 태어났으며 그의 인생은 카잔대학교를 중심으로 이루어졌다.

기하학과 더불어 무한급수론, 특히 삼각급수론·적분학·확률론 등에서 뛰어난 업적을 남겼으나 보요이처럼 그도 죽은 뒤에 명성을 얻었다. 그의 전 생애 동안 극소수만이 그의 기하학에 감명 받았으며 1829년 지방 일반 정기간행물과 1835~39년 카잔 학술회보에 실린 러시아어로 작성된 그의 초기 저작들은 외부에 거의 알려지지 않았다. 그러나 그는 보요이와 달리 낙담하지 않았고, 불굴의 노력으로 자신의 생각을 러시아어뿐만 아니라 프랑스와 독일어로도 출판했다. 1837년 "Géométrie imaginaire"(허상의 기하학)이 〈크렐저널〉 (베를린)에 게재되었고, 1840년에는 "Geometrische Untersuchungen zur Theorie der Parallellinien"(평행선이론에 대한 기하학 연구)가 출판되었다. 생애 마지막 무렵에는 거의 앞을 보지 못했다. 1855년에 프랑스어 책 "Pangéométrie"(범기하학)에 그의 이론을 펴냈으며 이 논문은 러시아어로도 발행되었다.

(6) 푸앵카레(Jules-Henri Poincaré, 1854-1912, 프랑스)

푸앵카레는 프랑스의 수학자, 물리학자, 천문학자로 수학과 수리물리학, 천체역학 등의 분야에서 중요한 기본 원리를 확립한 업적을 남겼다. 대수적 위상수학에서 호몰로지의 개념을 정의하였고 이를 기반으로 푸앵카레 추측을 제기하였다. 최근에 러시아 수학자 페럴만(Perelman)은 리찌 흐름 방정식을 이용하여 푸앵카레 추측의 해를 완성하였다. 푸앵카레는 삼체 문제(태양, 달, 지구에 관한 문제)에 대한 연구로 결정론적 복잡계를 발견하여, 현대적인 혼돈 이론의 기초를 마련하기도 하였다.

또한, 그는 과학의 이론을 컨벤션(편리성에 근거를 둔 규약, conventionalism)이라고 주장하였다. 예를 들어, 유클리드 기하학과 비유클리드 기하학과 같은 수학의 진리는 경험과 선천적인 것에 호소하여 어느 쪽이 참인가를 결정하는 것이 아니라, 그 기본 명제를 단순한 규약과 약속에 의해 성립되는 것으로 본다는 것이 그의 주장이다.

푸앵카레는 수학자로 명성을 얻은 뒤, 자신의 훌륭한 문학재능을 과학과 수학의 의미와 중대함을 일반대중에게 설명하는 일에 사용하였다. 과학철학에 관심을 가졌던 그는 "La Science et l'hypothése"(과학과 가설, 1903), "La Valeur de la science"(과학의 가치, 1905), "Science et méthode"(과학과 방법, 1908)을 썼고, 이 책들은 비전문가들에게 폭넓게 읽혔다.

참고문헌

[1] 김응태, 박승안 (1987). 현대대수학 2판, 이우출판사.

[2] M. J. Greenberg (2007). 유클리드 기하학과 비유클리드 기하학: 발전과 역사, 이우영 옮김, 경문사.

[3] 윤갑진 (2012). 기하학: 유클리드 기하학 비유클리드 기하학, 교우사.

[4] R. Bott, L. W. Tu(1982). Differential Forms in Algebraic Topology, Springer.

[5] B. A. Dubrovin, A. T. Fomenko, S. P. Novikov (1984). Modern Geometry-Methods and Applications, Springer.

[6] M. J. Greenberg (2012). Euclidean and Non-Euclidean Geometries, Freeman and Company.

[7] P. M. Neumann, G. A. Stoy, E. C. Thompson (1994). Groups and Geometry, Oxford Science Publications.

[8] E. G. Rees (2004). Notes on Geometry, Springer.

[9] P. J. Ryan (2009). Euclidean and Non-Euclidean Geometry: an Analytic Approach, Cambridge.

[10] M. Spivak (1999). A Comprehensive Introduction to Differential Geometry, Publish or Perish.

연습문제 풀이

제1장 연습문제

1. (1)은 군이 아니고, (2)는 군이다.

2. P_v를 나타내는 3×3-행렬은 $\dfrac{1}{\|v\|^2}v^T v$이다. 단, 여기서 v는 1×3-행렬을 나타낸다.

5. $A\in O(n)\bigcap T_+(n)$라 할 때, A는 다음과 같은 형태를 갖는다.

$$A=\begin{bmatrix} a_{11} & a_{12} & \cdots & \cdots & a_{1n} \\ 0 & a_{22} & a_{23} & \cdots & a_{2n} \\ \vdots & \vdots & \vdots & \ddots & \vdots \\ 0 & 0 & \cdots & \cdots & a_{nn} \end{bmatrix},\ a_{ii}>0,\ i=1,2,\dots,n$$

$A\in O(n)$이므로 $a_{11}^2=1$, 즉, $a_{11}=1$이다. 또한,

$\langle (a_{11},0,\dots,0),(a_{12},a_{22},0,\dots,0)\rangle=0$

이므로 $a_{12}=0$이다. 이제 수학적 귀납법을 이용하기 위해,

$a_{ii}=1,\ 1\le i\le k,\ a_{ji}=0, 1\le j\le i-1, k\ge 2$

이라 가정하자. 그러면,

$\langle j-\text{번째 열},(k+1)-\text{번째 열}\rangle = a_{jk+1}=0,\ 1\le j\le k$

이고 $(k+1)$-번째 열로부터 $a_{k+1k+1}^2=1$이므로 $a_{k+1k+1}=0$이다. 따라서 $A=E_n$ 이다.

6. $\alpha=\begin{bmatrix} \cos\dfrac{2\pi}{3} & -\sin\dfrac{2\pi}{3} \\ \sin\dfrac{2\pi}{3} & \cos\dfrac{2\pi}{3} \end{bmatrix},\ \beta=\begin{bmatrix} 0 & -1 \\ 1 & -1 \end{bmatrix}$이라 하면, $\alpha^3=\beta^3=1$이고 두 순환군

$H_1=\langle\alpha\rangle$, $H_2=\langle\beta\rangle$는 서로 다르고 위수가 3인 $GL(2,\mathbb{R})$의 부분군이다.

7. $H=\langle\alpha\rangle$를 $O(2)\times T_+(2)$의 위수가 3인 부분군이라 하자. 그러면,

$\alpha=\beta\times\gamma\in O(2)\times T_+(2)$의 형태로 나타내진다. 이때, $\gamma=\begin{bmatrix} a & c \\ 0 & b \end{bmatrix}$, $a,b>0$의 꼴이다. $\alpha^3=1$이므로 $\gamma^3=1$이다. 즉, $a=b=1$이 되어야 하고 $c=0$이다. 다시 말해

서, $\gamma = E_2$이다. 따라서 위수가 3인 부분군 H는 β에 의해 결정되고 $\langle\beta\rangle$는 $O(2)$의 부분군이므로 $\beta = \begin{bmatrix} \cos\frac{2\pi}{3} & -\sin\frac{2\pi}{3} \\ \sin\frac{2\pi}{3} & \cos\frac{2\pi}{3} \end{bmatrix}$가 되어야 한다. 결론적으로, $O(2)\times T_+(2)$에는 위수가 3인 부분군이 단 하나만 존재한다.

8. $B(t) = A(0)^{-1}A(t)$라 하면, $B(0) = E_n$이다. 따라서

$$\left.\frac{d}{dt}\right|_{t=0} \det(B(t)) = \mathrm{tr}(B'(0)) = \mathrm{tr}(A(0)^{-1}A'(0))$$

이다. $\det(B(t)) = \det(A(0)^{-1})\det(A(t))$이므로

$$\left.\frac{d}{dt}\right|_{t=0} \det(B(t)) = \det(A(0)^{-1})\left.\frac{d}{dt}\right|_{t=0} \det(A(t)) = \mathrm{tr}(A(0)^{-1}A'(0))$$

이다. 이를 정리하면 $\left.\frac{d}{dt}\right|_{t=0} \det(A(t)) = \det(A(0))\mathrm{tr}(A(0)^{-1}A'(0))$을 얻는다.

9. $a^2 + b^2 = \frac{1}{2}$

제2장 연습문제

1. 임의의 원소 $a - x_0 \in A - x_0 = V$에 대하여,

$a - x_0 = (a - x_0 + y_0) - y_0 \in A - y_0 = W$ 이고 그 역도 성립한다.

2. $\lambda_k \neq 1$이라 가정할 때, 다음이 성립한다.

$$\begin{aligned} f\left(\sum_{i=1}^{k}\lambda_i a_i\right) &= f\left((1-\lambda_k)\left(\sum_{i=1}^{k-1}\frac{\lambda_i}{(1-\lambda_k)}a_i\right) + \lambda_k a_k\right) \\ &= (1-\lambda_k) f\left(\sum_{i=1}^{k-1}\frac{\lambda_i}{(1-\lambda_k)}a_i\right) + \lambda_k f(a_k) \\ &= (1-\lambda_k)\sum_{i=1}^{k-1}\frac{\lambda_i}{(1-\lambda_k)}f(a_i) + \lambda_k f(a_k) \\ &= \sum_{i=1}^{k}\lambda_i f(a_i) \end{aligned}$$

3. $\dim \mathrm{Aff}(X) = k$라 하고 $\mathrm{Aff}(X)$의 $k+1$개의 아핀기저 $\{a_0, a_1, \dots, a_k\} \subset X$를 택하자. 그런 다음, $\{a_0, a_1, \dots, a_k\}$를 $\mathbb{R}^n$의 아핀기저

$\{a_0, a_1, \ldots, a_k, a_{k+1}, \ldots, a_n\}$

로 확장하자. 각각의 $i = 0,1,2,\ldots,k$에 대하여, $b_i := g(a_i)$라 놓으면 $\{b_0, b_1, \ldots, b_k\}$는 $\mathbb{R}^n$의 아핀부분기저이고 $d(b_i, b_j) = d(a_i, a_j)$, $i, j = 0,1,2,\ldots,k$을 만족한다. 이때, 아핀부분기저 $\{b_0, b_1, \ldots, b_k\}$를 다시 $\mathbb{R}^n$의 아핀기저 $\{b_0, b_1, b_2, \ldots, b_k, b_{k+1}, \ldots, b_n\}$로 확장하자. 그러면, [보조정리 2.5]에 의해 $f(a_i) = b_i$, $i = 0,1,2,\ldots,n$을 만족하는 $f : \mathbb{R}^n \to \mathbb{R}^n$인 등장사상이 존재한다. $f(a_i) = g(a_i), i = 0,1,2,\ldots,k$이므로 $f|_X = g$이다.

6. (1) 먼저, $u = y + z$, $y \perp z$로 나타내자. 그러면 적당한 실수 t에 대하여 $z = u - y = tw$이다. 한편,

$t\|w\|^2 = \langle tw, w \rangle = \langle z, w \rangle = \langle u - y, w \rangle = \langle u, w \rangle$

이므로 $t = \dfrac{\langle u, w \rangle}{\|w\|^2}$이다. 따라서 다음 등식이 성립한다.

$$R_L(u) = y - z = y - 2z = u - 2tw = u - 2\frac{\langle u, w \rangle}{\|w\|^2} w$$

8. f가 등장사상이므로 적당한 $A \in O(n)$과 $x_0 \in \mathbb{R}^n$을 이용하여 $f(x) = Ax + x_0$로 표현할 수 있다. $A = E_n$이라면 f는 평행이동이므로 $A \neq E_n$이라 가정하자. 이때, $(A - E_n)x \neq 0$인 적당한 $x \in \mathbb{R}^n$에 대하여,

$d(f(x), x) = \|(A - E_n)x + x_0\| \geq \|(A - E_n)x\| - \|x_0\|$

이다. 따라서 $y = tx$, $t > 0$라 하면,

$d(f(y), y) = t\|(A - E_n)x\| - \|x_0\| \to \infty$, $t \to \infty$이므로 모든 $x \in \mathbb{R}^n$에 대하여 $d(f(x), x) < K$를 만족하는 $K > 0$가 존재할 수 없다.

9. (1) 가정에 의해, $b - a, c - a$와 $b' - a', c' - a'$은 모두 선형독립이다. 따라서 $L(b - a) = b' - a', L(c - a) = c' - a'$를 만족하는 정칙인 선형사상 $L : \mathbb{R}^2 \to \mathbb{R}^2$가 존재한다. 이제 $f(x) = T_{a'} \circ L \circ T_{-a}(x)$라 하고 L를 $L(x) = Ax$로 나타내면, $f(x) = Ax - Aa + a'$이고 $f(a) = a', f(b) = b', f(c) = c'$이다.

(2) 또한, $\text{Area}(\Delta(a'b'c')) = \frac{1}{2}|\det(b'-a', c'-a')| = \frac{1}{2}|\det(A(b-a)A(c-a))|$

$$= \frac{1}{2}|\det(A(b-a\ c-a))|$$

$$= \frac{1}{2}|\det A||\det(b-a\ c-a)|$$

$$= |\det A|\,\text{Area}(\Delta(abc))$$

가 성립한다.

10. $x_0 = f(0)$라 할 때, $T_{-x_0}(x) = x - x_0$을 정의하자. 그런 다음, $g := T_{-x_0} \circ f$ 라 놓으면 $g(0) = T_{-x_0}(f(0)) = T_{-x_0}(x_0) = x_0 - x_0 = 0$을 만족한다.
또한, $\|f(x) - f(y)\| = \|x - y\|$이므로 $\|g(x) - g(y)\| = \|x - y\|$가 성립하고, 특히, $y = 0$일 때 $\|g(x)\| = \|x\|,\ x \in \mathbb{R}^n$을 만족한다. 따라서
$\langle g(x) - g(y), g(x) - g(y)\rangle = \langle x - y, x - y\rangle$
를 전개하여 $\langle g(x), g(y)\rangle = \langle x, y\rangle$가 성립함을 보일 수 있다. 이때, $\{e_i\}_{i=1}^n$을 $\mathbb{R}^n$의 표준기저라 하면 $\langle g(e_i), g(e_j)\rangle = \langle e_i, e_j\rangle = \delta_{ij}$이므로 $\{g(e_i)\}_{i=1}^n$은 정규직교기저가 되어 $g(x)$를 $g(x) = \sum_{i=1}^n \langle g(x), g(e_i)\rangle g(e_i) = \sum_{i=1}^n \langle x, e_i\rangle g(e_i)$로 나타낼 수 있다. 따라서 g는 선형사상이고 전사함수이다. 정의에 의해 f도 전사함수이다.

11. 먼저 $f \in \text{Isom}_d(\mathbb{R}^2)$는 $f(x,y) = \begin{bmatrix} \cos\theta & -\sin\theta \\ \sin\theta & \cos\theta \end{bmatrix}\begin{pmatrix} x \\ y \end{pmatrix} + \begin{pmatrix} x_0 \\ y_0 \end{pmatrix}$ 로 나타낼 수 있다. 따라서 $f(x,y) = (x\cos\theta - y\sin\theta, x\sin\theta + y\cos\theta) + (x_0, y_0)$를
복소수와 $e^{i\theta} = \cos\theta + i\sin\theta$라는 사실을 이용하여
$f(z) = e^{i\theta}z + z_0,\ z = x + iy,\ z_0 = x_0 + iy_0$로 표현할 수 있다.
이것으로부터 다시 2×2-행렬을 이용하여
$\varphi : \text{Isom}_d(\mathbb{R}^2) \to D,\ f \mapsto \begin{bmatrix} e^{i\theta} & z_0 \\ 0 & 1 \end{bmatrix}$를 정의하자. 그러면, φ는 전단사함수가 되고
$f(z) = e^{i\theta}z + z_0$이고 $g(z) = e^{i\theta'}z + z_0'$일 때,

$$f \circ g(z) = f(e^{i\theta'}z + z_0') = e^{i\theta}(e^{i\theta'}z + z_0') + z_0 \text{ 임을 이용하여}$$
$$= e^{i\theta}e^{i\theta'}z + e^{i\theta}z_0' + z_0$$

$$\varphi(f \circ g) = \begin{bmatrix} e^{i\theta}e^{i\theta'} & e^{i\theta}z_0' + z_0 \\ 0 & 1 \end{bmatrix} \text{ 이다. 즉, } \varphi \text{는 군동형사상이다.}$$
$$= \begin{bmatrix} e^{i\theta} & z_0 \\ 0 & 1 \end{bmatrix}\begin{bmatrix} e^{i\theta'} & z_0' \\ 0 & 1 \end{bmatrix}$$
$$= \varphi(f)\varphi(g)$$

13. $X = \mathbb{R}_+$라 할 때, X에 유클리드 거리함수를 주자. 이때, $f(x) = x + 1$라 하면 f는 거리를 보존하는 함수이지만 전사함수는 아니다.

15, (1) 가정에 의해, 두 직선 L과 $f(L)$은 서로 일치한다. 따라서 L과 $f(L)$의 방향벡터인 v와 Av가 서로 평행해야 한다.

(2) 가정에 의해, $p \in f(L)$이므로 $Ap + x_0 + t_0 Av = p$를 만족하는 $t_0 \in \mathbb{R}$이 존재한다, 따라서 $(A - I_n)p + x_0 = -t_0 Av$가 v에 평행하다.

16. L_1과 L_2를 서로 만나지 않는 두 평행한 직선이라 하자. 그러면, L_1과 L_2를 모두 포함하는 평면 P가 존재한다. 이때 P의 평면의 방정식이 다음과 같이 주어져 있다고 가정하자.

$\langle x - p_0, n \rangle = 0,\ p_0 \in P,\ \|n\| = 1$

$f(x) = Ax + x_0, A \in O(n)$을 임의의 등장사상이라 할 때, M을 다음과 같은 방정식으로 주어진 평면이라 하자.

$\langle x - f(p_0), An \rangle = 0$

임의의 등장사상이 임의의 직선을 다시 직선으로 보내는 것은 자명하므로 다음 두 가지 (i)과 (ii)만 증명하면 충분하다.

(i) 각각의 $i = 1, 2$에 대하여, 직선 $f(L_i)$가 M에 포함되어 있다. 실제로, 임의의 $x \in L_i$에 대하여 다음 등식이 성립한다.

$\langle f(x) - f(p_0), An \rangle = \langle A(x - p_0), An \rangle = \langle x - p_0, n \rangle = 0$

따라서 $f(L_i) \subset M$이다.

(ii) $f(L_1) \cap f(L_2) = \varnothing$ 이다. 실제로, 만약 $f(L_1) \cap f(L_2) \neq \varnothing$ 이면 $f(x_1) = f(x_2)$를 만족하는 벡터 $x_1 \in L_1$과 $x_2 \in L_2$가 존재한다. 그러면 다음 등식이 성립한다.

$0 = \|f(x_1) - f(x_2)\| = d(f(x_1), f(x_2)) = d(x_1, x_2) = \|x_1 - x_2\|$

따라서 $x_1 = x_2 \in L_1 \cap L_2$가 성립되어 모순이다.

(i)과 (ii)에 의해, $f(L_1)$과 $f(L_2)$는 서로 만나지 않는 평행한 직선이다.

제3장 연습문제

1. f가 l을 m으로 보내는 등장사상(특히, l과 m이 만나는 경우에는 회전이동, 평행한 경우에는 평행이동)일 때, $f \circ R_l \circ f^{-1}$은 m상에서 항등사상이다. 왜냐하면,

   $f \circ R_l \circ f^{-1}(m) = f \circ R_l(l) = f(l) = m$

   이기 때문이다. 하지만 임의의 $\mathbb{R}^2$의 등장사상은 아핀 1차원 부분공간에서 항등사상이면 많아야 1개의 대칭이동으로 주어지므로 사실은 $f \circ R_l \circ f^{-1} = R_m$이다.

   또는 $f \circ R_l \circ f^{-1} = R_m$임을 아핀독립인 세 점 P, Q, R을 택하여 왼쪽과 오른쪽이 P, Q, R에서 관해 같은 상을 가짐을 보이면 된다. 실제로, f가 l과 m의 교점 a에 관한 회전이동인 경우 P, Q, R을 그림과 같이 택하여 $f \circ R_l \circ f^{-1}$와 R_m을 계산하면 다음과 같다([그림 A.1]).

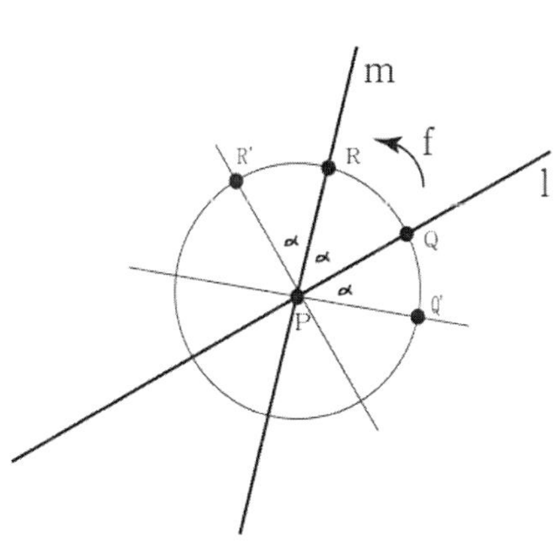

[그림 A.1]

$f \circ R_l \circ f^{-1}(P) = P = R_m(P)$,
$f \circ R_l \circ f^{-1}(R) = f \circ R_l(Q) = f(Q) = R = R_m(R)$,
$f \circ R_l \circ f^{-1}(Q) = f \circ R_l(Q') = f(R) = R' = R_m(Q)$

2. 문제 1에 의해 임의의 두 직선 l, m에 대하여 $f \circ R_l \circ f^{-1} = R_m$을 만족하는 아핀인 등장사상 $f \in \text{Isom}(\mathbb{R}^2)$가 존재하므로 f에 대응하는 행렬을 A_f라 하고 R_l과 R_m에 대응하는 행렬을 각각 A_{R_l}과 A_{R_m}이라 할 때,

   $\varphi(R_m) = \det(A_f A_{R_l} A_f^{-1}) = \det(A_{R_l}) = \varphi(R_l)$ 이다.

3. f와 g가 양의 방향성을 가진 등장사상이므로

   $f(x) = Ax + x_0,\ g(x) = Bx + y_0,\ A, B \in SO(2),\ x_0, y_0 \in \mathbb{R}^2$

   로 나타낼 수 있다. 한편, f와 g의 역함수는 각각 다음과 같이 주어진다.

   $f^{-1}(x) = A^{-1}x - A^{-1}x_0,\ g(x) = B^{-1}x - B^{-1}y_0$

   따라서 $A, B \in SO(2)$이므로 $AB = BA$임을 이용하여

$$
\begin{aligned}
& f \circ g \circ f^{-1} \circ g^{-1}(x) = f \circ g \circ f^{-1}(B^{-1}x - B^{-1}y_0) \\
&= f \circ g(A^{-1}(B^{-1}x - B^{-1}y_0) - A^{-1}x_0) \\
&= f \circ g(A^{-1}B^{-1}x - A^{-1}B^{-1}y_0 - A^{-1}x_0) \\
&= f(B(A^{-1}B^{-1}x - A^{-1}B^{-1}y_0 - A^{-1}x_0) + y_0) \\
&= f(BA^{-1}B^{-1}x - BA^{-1}B^{-1}y_0 - BA^{-1}x_0 + y_0) \\
&= A(BA^{-1}B^{-1}x - BA^{-1}B^{-1}y_0 - BA^{-1}x_0 + y_0) + x_0 \\
&= ABA^{-1}B^{-1}x - ABA^{-1}B^{-1}y_0 - ABA^{-1}x_0 + Ay_0 + x_0 \\
&= x - y_0 - Bx_0 + Ay_0 + x_0
\end{aligned}
$$

   가 됨을 알 수 있다. 즉, $[f, g]$는 항상 평행이동이다.

4. $T_a(x) = x + a$라 할 때, $T_a(x) = T_{a/2} \circ T_{a/2}(x)$로 나타낼 수 있다. 한편,

   $T_{a/2}(x) = R_{l_1} \circ R_{l_2}(x),\ l_i \perp \dfrac{a}{2},\ d(l_1, l_2) = \dfrac{\|a\|}{4}$ 이므로

   $T_a(x) = R_{l_1} \circ R_{l_2} \circ R_{l_1} \circ R_{l_2}(x) = [R_{l_1}, R_{l_2}](x)$로 교환자(commutator) 형태로 나타내진다.

5. (1) H_a는 a에서 π만큼 회전하는 회전이동이므로 a에서 직각으로 만나는 두 직선 l, m을 이용하여 $H_a = R_m \circ R_l$로 나타낼 수 있다. 비슷하게, H_b도 b에서 직각으로 만나는 두 직선 l', m'을 이용하여 $H_b = R_{m'} \circ R_{l'}$ 으로 나타내자. 단, 여기서 l'는 l에 평행하고 m'은 m에 평행하게 택할 수 있다. 따라서

$$
\begin{aligned}
& H_b \circ H_a = R_{l'} \circ R_{m'} \circ R_m \circ R_l = R_{l'} \circ T_c \circ R_l \\
&= R_{l'} \circ R_l \circ T_c = T_d \circ T_c = T_{c+d}
\end{aligned}
$$

이다. 여기서, c는 직선 m에 수직인 m에서 m'방향의 벡터로 m과 m'사이의 거리가 $\frac{\|c\|}{2}$이고 d는 직선 l에 수직인 l에서 l'방향의 벡터로 l과 l'사이의 거리가 $\frac{\|d\|}{2}$이다.

(2) $T_a = H_{\frac{3a}{4}} \circ H_{\frac{a}{4}}$임을 아핀 독립인 세 점 P, Q, R을 택하여 보여라.

(3) 정의에 의해 $G(l, a) = T_a \circ R_l$이고 $T_a = H_{\frac{3a}{4}} \circ H_{\frac{a}{4}}$이다. 그런 다음, $H_{\frac{a}{4}} = R_m \circ R_l$로 나타낸다. 여기서, l과 m은 $\frac{a}{4}$를 지나는 직각인 두 직선이다. 따라서 $G(l,a) = T_a \circ R_l = H_{\frac{3a}{4}} \circ R_m \circ R_l \circ R_l = H_{\frac{3a}{4}} \circ R_m$ 이다. 즉, $G(l, a)$을 대칭이동과 반회전의 합성으로 나타낼 수 있다.

6. 직선 l, m, l'을 다음 [그림 A.2]와 같이 택하자.

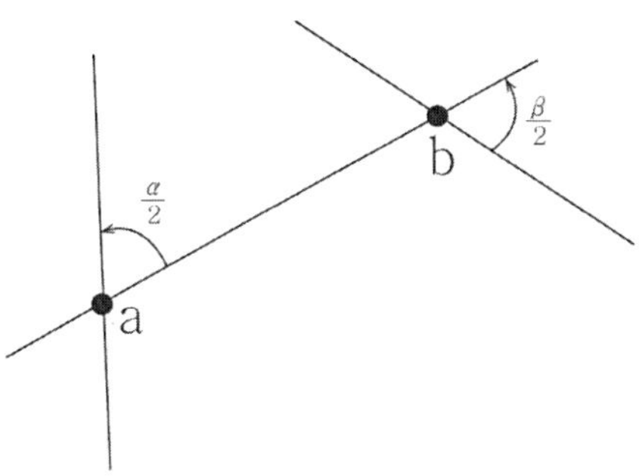

[그림 A.2]

그러면 다음 등식이 성립한다.

$R(a, \alpha) = R_l \circ R_m$, $R(b, \beta) = R_m \circ R_{l'}$ 따라서

$R(a, \alpha) \circ R(b, \beta) = R_l \circ R_m \circ R_m \circ R_{l'} = R_l \circ R_{l'}$ 이다.

(i) 만약 l과 l'이 평행하면 $R_l \circ R_{l'} = T_c$이다. 단, 여기서 벡터 c는 l과 l'에 수직이고 l'에서 출발하는 벡터로 l과 l' 사이의 거리가 $\frac{\|c\|}{2}$이다.

(ii) 만약 l과 l'이 c에서 만난다면, l'으로부터 l까지 사이의 각이 $\frac{\gamma}{2}$일 때 $R_l \circ R_{l'} = R(c, \gamma)$로 회전이동이다.

7. (1) $f(x)=Ax+x_0$, $A\in O(2)$라 놓고, $T_a \circ f=f \circ T_b$의 양변을 비교하면 다음 등식을 얻는다, $Ax+x_0+a=Ax+Ab+x_0$ 따라서 $Ab=a$이고 $A\in O(2)$이므로 $\|a\|=\|b\|$이다. 반대로, $Ab=a$를 만족하는 $A\in O(2)$를 택하여 등장사상 $f(x)=Ax+x_0$를 정의하자. 그러면 $T_a \circ f=f \circ T_b$가 성립한다.

(2) 증명을 위해, $f \circ R_m \circ f^{-1}=R_{f(m)}$이고 $m'=f(m)$이라 하자. 또한 $f(x)=Ax+x_0$, $A\in O(2)$일 때, $f \circ T_b \circ f^{-1}=T_{Ab}$이다. 따라서 다음 등식이 성립한다.

$$\begin{aligned} R_l \circ T_a &= f \circ (R_m \circ T_b) \circ f^{-1} = (f \circ R_m \circ f^{-1}) \circ (f \circ T_b \circ f^{-1}) \\ &= R_{f(m)} \circ T_{Ab} = R_{m'} \circ T_{Ab} \end{aligned}$$

따라서 R_l과 $R_{m'}$이 등장사상이므로 $\|a\|=\|Ab\|$이다. 한편 $A\in O(2)$이므로 $\|a\|=\|b\|$이다.

8. (⇐) (i) 먼저 l, m, n이 모두 평행하다고 가정하자. 그러면 a가 n과 m에 수직이고 m과 n 사이의 거리가 $\frac{\|a\|}{2}$이며 n에서 m 방향으로 향하는 벡터일 때, $R_m \circ R_n$은 평행이동 T_a이다. 또한, 가정에 의해 a는 l에 수직이다. 따라서 [보조정리 3.3]에 의해 $R_l \circ R_m \circ R_n = R_l \circ T_a$는 대칭이동이다.

(ii) 다음으로 m과 n이 c에서 만난다고 가정하자. 그러면 $R_m \circ R_n$은 회전이동 $R(c,\alpha)$이다. 단, 여기서 $\frac{\alpha}{2}(\neq 0)$는 m과 n 사이의 한 각이다. 한편, l과 평행하고 c를 지나는 직선 m'과 m'과 사이의 한 각이 $\frac{\alpha}{2}$인 직선 n'을 택하여 $R(c,\alpha)=R_{m'} \circ R_{n'}$으로 나타낼 수 있다. 따라서
$R_l \circ R_m \circ R_n = R_l \circ R_{m'} \circ R_{n'} = T_a \circ R_{n'}$이 성립한다. 여기서 a가 m'과 l에 수직이고 m'과 l 사이의 거리가 $\frac{\|a\|}{2}$이며 m'에서 l 방향으로 향하는 벡터이다. 가정에 의해, a는 직선 n'에 수직이 아니다. 따라서 [보조정리 3.3]에 의해,
$R_l \circ R_m \circ R_n = T_a \circ R_{n'}$은 대칭이동이다.

(⇒) l, m, n이 모두 평행은 아니라고 가정하자. 그런 다음, 귀류법을 이용하기 위해 m과 n이 서로 평행하다고 가정하자. 그러면 $R_m \circ R_n$이 평행이동 T_a이고 가정에

의해 a가 l에 수직이 아니다. 따라서 [보조정리 3.3]에 의해 $R_l \circ R_m \circ R_n$은 대칭이동이 아닌 글라이드대칭이동이 되어 모순이다.

9. (1) a를 통과하는 세 직선 l, m, n를 이용하여 f를 다음과 같이 나타낼 수 있다.

$f = R(a, \alpha) \circ R(b, \beta) = (R_n \circ R_m) \circ (R_m \circ R_l) = R_n \circ R_l = R(a, \alpha + \beta)$

단, 여기서 l과 m 사이의 각이 $\dfrac{\beta}{2}$이고 m과 n 사이의 각이 $\dfrac{\alpha}{2}$이다. 따라서 l과 n 사이의 각은 $\dfrac{\alpha+\beta}{2}$이다.

(2) f가 평행이동이 될 필요충분조건은 l과 l'이 서로 평행인 것이다.
실제로, 만약 l이 l'과 서로 평행하지 않다면 l과 l'은, 예를 들어, c에서 만난다. 한편, $R(a, \alpha) = R_l \circ R_m$이고 $R(b, \beta) = R_m \circ R_{l'}$이므로 f는 다음과 같다.

$f = R_l \circ R_m \circ R_m \circ R_{l'} = R_l \circ R_{l'} = R(c, \gamma)$

단, 여기서 $\dfrac{\gamma}{2}$는 l과 l' 사이의 한 각이다. 하지만 이것은 f가 평행이동이라는 가정에 모순이다. 이제, 만약 l과 l'이 평행하다면 d가 l과 수직이고 l에서 l'으로 향하는 길이가 l과 l' 사이의 거리의 두 배인 벡터라 하자. 그러면 $f = R_l \circ R_{l'}$이므로 $f = T_d$로 평행이동이다.

(3) b를 통과하는 직선 s가 다음 [그림 A.3]와 같다고 하자. 이때 다음 두 가지 경우를 고려한다,

(i) $0 < \dfrac{\beta}{2} < \pi - \dfrac{\alpha}{2}$인 경우에는 $0 < \alpha + \beta < 2\pi$이다 따라서 $f = R(c, \alpha + \beta)$이다 ([그림 A.4]).

(i) $\dfrac{\beta}{2} > \pi - \dfrac{\alpha}{2}$인 경우에는 $\alpha + \beta > 2\pi$이다. 따라서 $f = R(c, \alpha + \beta - 2\pi)$이다 ([그림 A.5]).

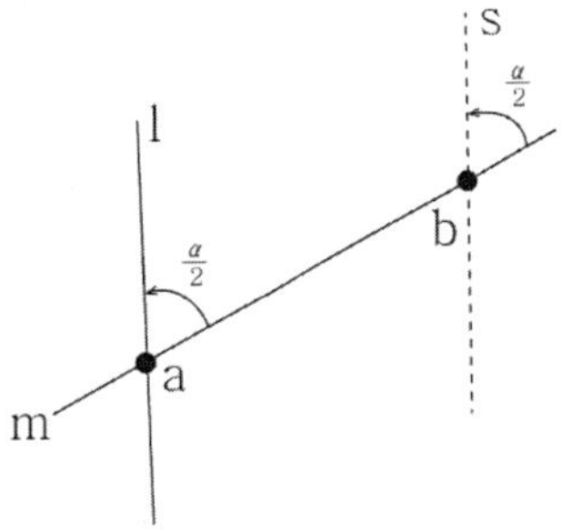

[그림 A.3]

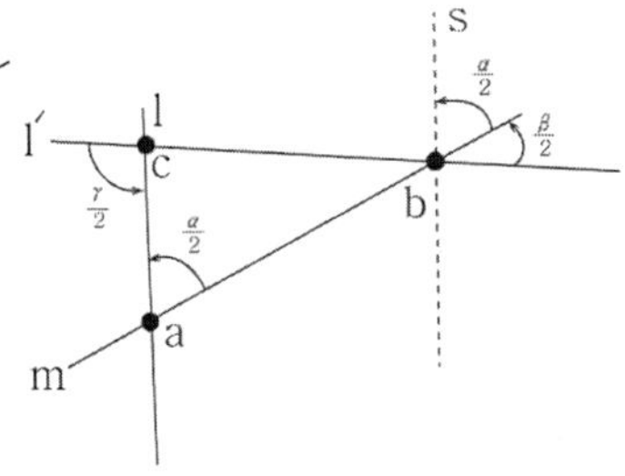

[그림 A.4]

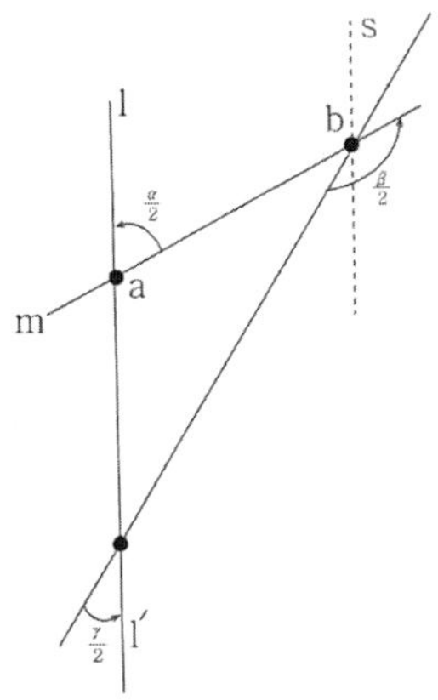

[그림 A.5]

10. (i) l, m, n이 모두 평행하면, [보조정리 3.3]에 의해 $(R_l \circ R_m \circ R_n)$이 대칭이동이다. 따라서 $(R_l \circ R_m \circ R_n)^2$이 항등사상이다. 특히 $(R_l \circ R_m \circ R_n)^2$을 평행이동으로 볼 수 있다.

(ii) l, m, n중에서 두 개가 서로 평행이 아닌 경우만 증명하면 충분하다. 따라서 일반성을 잃지 않고 l과 m의 교점 a가 존재한다고 가정하자. 이때 $a' = R_n(a)$이고 l과 m 사이의 각이 $\frac{\alpha}{2}$라 하자. 그러면

$$\begin{aligned}(R_l \circ R_m \circ R_n)^2 &= (R_l \circ R_m \circ R_n) \circ (R_l \circ R_m \circ R_n) \\ &= (R_l \circ R_m) \circ R_n \circ (R_l \circ R_m) \circ R_n \\ &= R(a, \alpha) \circ R_n \circ R(a, \alpha) \circ R_n = R(a, \alpha) \circ R(a', -\alpha)\end{aligned}$$

이다. 이제 s가 a와 a'를 통과하는 직선이고, t와 t'이 각각 a와 a'를 지나는 직선으로 s와 $\frac{\alpha}{2}$의 각을 가진 직선이라 하자. 그러면 t와 t'이 서로 평행하다. 따라서 다음 등식이 성립한다.

$$R(a, \alpha) \circ R(a', -\alpha) = (R_t \circ R_s) \circ (R_s \circ R_{t'}) = R_t \circ R_{t'} = T_b$$

단, 여기서 b는 t'에서 t로 향하는 벡터로 t'과 t 사이의 거리가 $\frac{\|b\|}{2}$이다.

제4장 연습문제

3. 먼저 $R(l,\alpha)$를 $H_1 \bigcap H_2 = l$이고 사이의 각이 $\dfrac{\alpha}{2}$인 두 초평면 H_1, H_2를 이용하여 $R(l,\alpha) = R_{H_1} \circ R_{H_2}$로 나타내자. 한편, 제 4장 연습문제 문제 2와 같이 역전이동 I_a는 서로 수직인 세 초평면 H_2, H_3, H_4를 이용하여

$I_a = R_{H_2} \circ R_{H_3} \circ R_{H_3}$

로 표현할 수 있다([그림 A.6]). 따라서

$$\begin{aligned} R(l,\alpha) \circ I_a &= R_{H_1} \circ R_{H_2} \circ R_{H_2} \circ R_{H_3} \circ R_{H_4} \\ &= R_{H_1} \circ R_{H_3} \circ R_{H_4} = R(l,\beta) \circ R_{H_4} \end{aligned}$$

이다. 여기서, $\dfrac{\beta}{2}$는 H_1과 H_3사이의 각이고 l은 H_4에 수직이다. 즉, $R(l,\beta) \circ R_{H_4}$은 회전대칭이동이다. 반대로, $R(l,\alpha)$를 $H_1 \bigcap H_2 = l$이고 사이의 각이 $\dfrac{\alpha}{2}$인 두 초평면 H_1, H_2를 이용하여 $R(l,\alpha) = R_{H_1} \circ R_{H_2}$로 나타내자. 이때, $H \bigcap H_1 \bigcap H_2 = \{a\}$이고 H는 H_1과 H_2 모두에 수직이다. 한편, H, H_1, H_3가 서로 수직인 초평면 H_3을 택하여

$$\begin{aligned} R_H \circ R(l,\alpha) &= R_H \circ R_{H_1} \circ R_{H_3} \circ R_{H_3} \circ R_{H_2} \\ &= I_a \circ R(l,\beta) \end{aligned}$$

이다. 여기서, $\dfrac{\beta}{2}$는 H_2와 H_3 사이의 각이고 a는 l 위에 놓여 있다. 따라서 $R_H \circ R(l,\alpha)$는 회전역전이동이다.

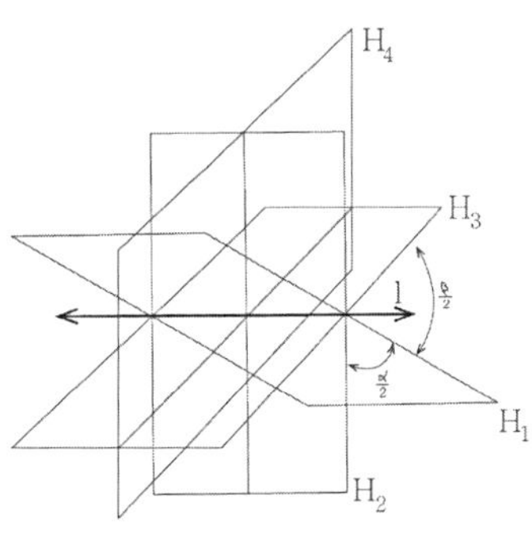

[그림 A.6]

4. $R(a,2\alpha) \circ R(b,2\beta) \circ R(c,2\gamma)(a) = a,$ 임을 보이면 충분하다.
$R(a,2\alpha) \circ R(b,2\beta) \circ R(c,2\gamma)(b') = b',$
$R(a,2\alpha) \circ R(b,2\beta) \circ R(c,2\gamma)(c) = c$

또는, 꼭짓점 a, b를 통과하는 직선을 n, 꼭짓점 b, c를 통과하는 직선을 m, 그리고 꼭짓점 a, c를 통과하는 직선을 l이라 할 때,

$R(a,2\alpha) = R_l \circ R_n,\ R(b,2\beta) = R_n \circ R_m,\ R(c,2\gamma) = R_m \circ R_l$ 이다. 따라서

$$\begin{aligned} R(a,2\alpha) \circ R(b,2\beta) \circ R(c,2\gamma) &= R_l \circ R_n \circ R_n \circ R_m \circ R_m \circ R_l \\ &= Id_{R^2} \end{aligned}$$

이다([그림 A.7]).

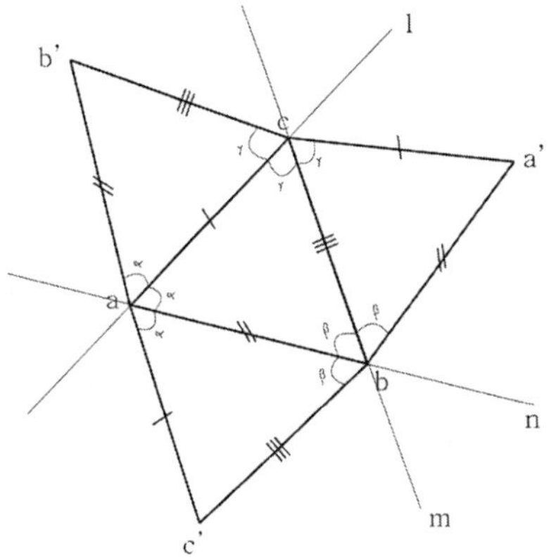

[그림 A.7]

5. a를 수직인 두 벡터 a_1과 a_2로 [보조정리 4.3]과 같이 분해한 후,

$R_H \circ T_a = R_H \circ T_{a_2} \circ T_{a_1}$ 로 나타내자. 여기서 a_2는 a의 H에 수직인 성분이고 a_1는 H에 평행인 성분이다. 이때, $R_H \circ T_{a_2}$를 a_1에 평행인 초평면 H'을 이용하여 $R_{H'}$으로 나타낼 수 있다. 따라서 $R_H \circ T_a = R_{H'} \circ T_{a_1}$ 이므로 $R_H \circ T_a$는 글라이드대칭이동이다.

6. $$\begin{aligned} T_a \circ R(0,\alpha) &= R_{m'} \circ R_m \circ R_m \circ R_l \\ &= R_{m'} \circ R_l \\ &= R(P,\alpha),\ m'\text{은 } m\text{과 평행},\ d(m,m') = \frac{\|a\|}{2} \end{aligned}$$

이다([그림 A.8]).

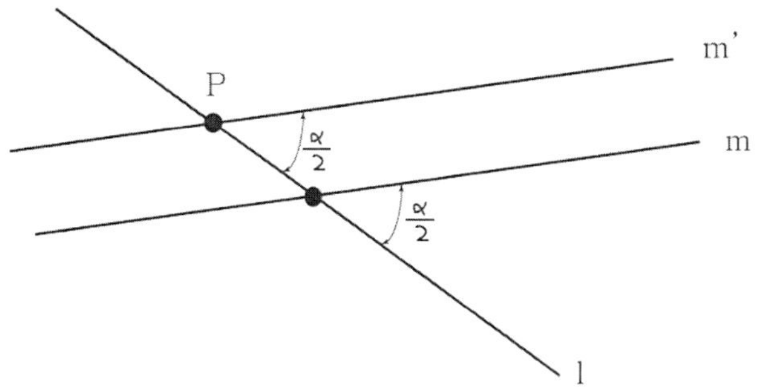

[그림 A.8]

7. 다음 네 가지 조건을 만족하는 초평면 H_1, H_2, H_3를 택한다.

   (i) $H_1 \cap H_2 = l$이고 H_1과 H_2 사이의 각이 $\frac{\alpha}{2}$이다.

   (ii) H_1과 H_3가 서로 평행하고 H_1과 H_3 사이의 거리는 $\frac{\|\mathsf{a}\|}{2}$이다.

   (iii) a는 H_1에 수직이다.

   (iv) H_2와 H_3의 교집합은 직선 m이다.

   그러면 다음 등식이 성립한다.

   $T_{\mathsf{a}} \circ R(l,\alpha) = (R_{H_3} \circ R_{H_1}) \circ (R_{H_1} \circ R_{H_2}) = R_{H_3} \circ R_{H_2} = R(m,\alpha)$

8. 가정에 의해, f가 네 개인 짝수 개의 대칭이동의 합성으로 주어졌으므로 f는 $\mathbb{R}^3$상의 양의 방향성을 가진 등장사상이다. 하지만 $\mathbb{R}^3$상의 모든 회전대칭이동은 하나이거나 또는 세 개의 대칭이동의 합성으로 나타낼 수 있다. 따라서 f가 회전대칭이동이 될 수 없다.

제5장 연습문제

1. $J: R^3 \to R^3,\ x \mapsto -x$라 할 때, 다음 사상이 동형임을 보여라.

   $O(3) \to SO(3) \times \{\pm 1\},\ A \mapsto \begin{cases} (A,1), & \det A = 1, \\ (JA,-1), & \det A = -1 \end{cases}$

2. T_4 경우의 증명과 비슷한 방법으로 $S(C_6) \cong S_4$임을 보일 수 있다. 좀 더 구체적으로, 아래와 같은 정육면체에서 네 개의 대각선 AG, CE, DF, BH에 각각 1, 2, 3, 4의

번호를 붙이자. 그런 다음, $\alpha : S_d(C_6) \to S_4$, $f \mapsto \hat{f}$을 정의하자. 여기서 $\hat{f}$는 f를 네 개의 대각선에 제한하여 정의한 함수이다.

(i) α는 전사함수이다. 왜냐하면, 예를 들어 호환 (12)는 대각선 1과 2를 포함하는 평면 H와 두 선분 CG와 AE의 중점을 연결하는 직선 l를 이용하여 만든 회전이동 $R(l,\pi)$와 같다([그림 A.9]). 이와 같은 방식으로 치환군 S_4의 모든 호환을 표현할 수 있으므로 α는 전사함수이다.

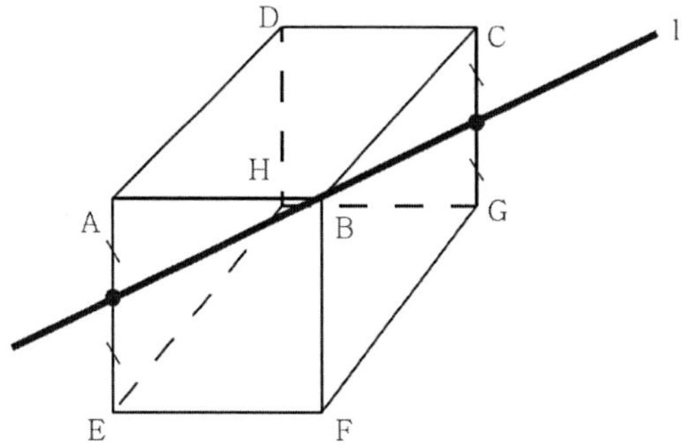

[그림 A.9]

(ii) 네 개의 대각선은 아핀기저를 포함하고 있고 모든 아핀사상은 아핀기저에 의해 유일하게 결정됨으로 α는 단사함수이다. 또는, $S_d(C_6)$가 8개의 꼭짓점에 추이적(transitively)으로 작용하고, 예를 들어 꼭짓점 A에서의 $\mathrm{Stab}(A)$가 회전축 AG를 갖는 위수가 3인 회전이동으로 주어지므로

$S_d(C_6)/\mathrm{Stab}(A) \cong \{A, B, C, D, E, F, G, H\}$

이다. 따라서 $|S_d(C_6)| = 24 = |S_4|$이고 α는 단사함수이다.

3. (1) 두 꼭짓점 2와 5을 통과하는 직선을 l이라 할 때, l을 회전축으로 $\dfrac{2\pi}{3}$만큼 회전하는 회전이동을 σ라 하자([그림 A.10]). 그러면, $\sigma(1) = 3$, $\sigma(3) = 4, \sigma(4) = 1$ 즉, $\sigma = (134)$로 위수가 3인 원소이다. (2) 두 2차원 면 A와 B의 무게중심을 통과하는 직선을 m이라 할 때, m을 회전축으로 $\dfrac{2\pi}{5}$만큼 회전하는 회전이동을 τ라 하자([그림 A.11]). 그러면, $\tau(1) = 5$, $\tau(2) = 1, \tau(3) = 2$, $\tau(4) = 3$, $\tau(5) = 4$ 즉, $\tau = (15432)$로 위수가 5인 원소이다.

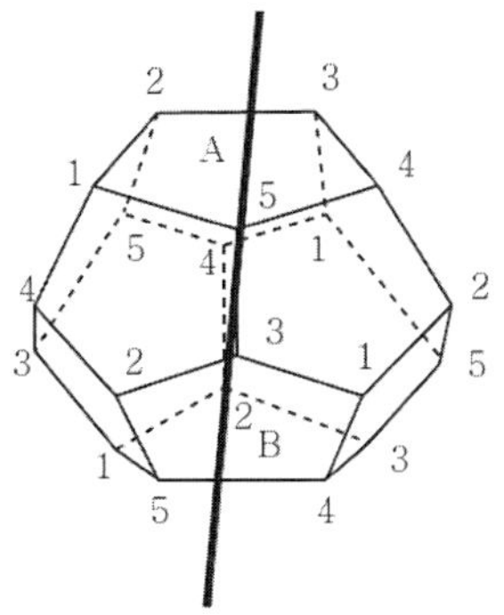

[그림 A.10]

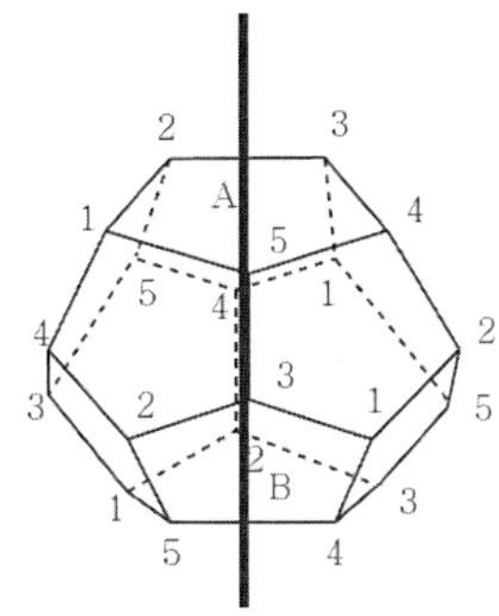

[그림 A.11]

(3) n을 두 선분 12와 34의 중점을 통과하는 직선이라 할 때, n을 회전축으로 π 만큼 회전하는 이동을 ξ_0라 하자. 그러면, $\xi_0 = (12)(34)$이므로 위수가 2이다. 그리고 ξ_1를 두 선분 13와 24의 중점을 통과하는 직선을 회전축으로 π 만큼 회전하는 이동이라 하자. 즉, $\xi_1 = (13)(24)$이다. 비슷하게, ξ_2를 두 선분 14와 23의 중점을 통과하는 직선을 회전축으로 π 만큼 회전하는 이동이라 하자. 즉, $\xi_2 = (14)(23)$이다. 이제

$H = \{1, \xi_0, \xi_1, \xi_2\}$

라 하면, H는 위수가 4인 군이고

$\xi_{i+1}\xi_i = \xi_{i+2},\ i = 0, 1, 2 \mod 3$

을 만족하므로 H는 $Z_2 \oplus Z_2$와 동형이다.

(4) $a = (12)(34),\ c = (12345),\ b = ac = (135)$라 하면, a, b, c는 위수가 각각 2, 3, 5이다.

$K = \langle a, b, c \mid a^2 = 1, b^3 = 1, c^5 = (ab)^5 = 1 \rangle$

라 하면, K는 A_5과 서로 군동형이다. 따라서 φ는 전사함수이다. 또한, φ는 4개의 아핀독립인 점에 의해 유일하게 결정되므로 단사함수이다.

제6장 연습문제

1. 먼저, 각각의 원소 $A \neq E_3$에 대하여 [따름정리 6.3]에 의해

$Ax = x \quad A(-x) = -x$

를 만족하는 유일한 쌍 $\{-x, x\}$가 존재한다. 이때, x를 A의 **극점**(pole)이라 한다. 따라서 앞에서와 같이 $\mathrm{Stab}(x)$의 원소의 개수를 m_x로 표시하면 $m_x > 1$일 필요충분

조건이 x가 극점인 것임을 알 수 있다. 또한, x의 궤도

$\mathrm{Orb}(x) = \{Ax | A \in G\}$

의 원소의 개수는 $\dfrac{n}{m_x}$이고 $m_x = m_{Ax}$이다. 한편, 각각의 극점의 쌍 $\{x, -x\}$에 대하여 x를 극점으로 가지고 있는 $G - \{E_3\}$의 원소의 개수는 $m_x - 1$이다. 따라서 x를 원소로 가진 각각의 궤도에 대하여 $G - \{E_3\}$에 $\dfrac{n}{m_x}(m_x - 1)$개의 원소가 있다. 한편, $G - \{E_3\}$의 각각의 원소는 두 개의 극점 x와 $-x$를 결정하므로 $G - \{E_3\}$의 원소의 총 개수는

$$\frac{1}{2} \sum_{\mathrm{Orb}(x)} \frac{n}{m_x}(m_x - 1)$$

이다. 단, 여기서 오른쪽 변은 각각의 궤도에 대하여 정확하게 한 번만 합을 계산한다는 의미이다. 따라서 $n - 1 = \dfrac{1}{2} \displaystyle\sum_{\mathrm{Orb}(x)} \dfrac{n}{m_x}(m_x - 1)$이 성립한다. 즉

$$2(n-1) = \sum_{\mathrm{Orb}(x)} \frac{n}{m_x}(m_x - 1)$$

2. 가정에 의해, A^T와 A^{-1}가 서로 유사(similar)하므로 만일 λ가 A의 고윳값이면 $\dfrac{1}{\lambda}$도 A의 고윳값이다. 따라서 1과 -1를 제외한 고윳값의 총 중복도는 짝수이다. 한편, 만일 1과 -1이 모두 A의 고유치라면 $\det(A) = 1$이므로 -1의 중복도가 짝수가 되어야 한다. 따라서 1의 중복도도 짝수이다.

제7장 연습문제

1. 직접 계산을 통해, H_1이 곱셈 연산에 관해 닫혀있는 것을 보이는 것은 어렵지 않다. 특히, $q \neq 0$의 곱셈에 관한 역원은 $\dfrac{\overline{q}}{\|q\|^2}$로 주어진다.

4. $q_1 = a + bi + cj + dk$, $q_2 = a' + b'i + c'j + d'k$라 할 때, $q_1^{-1} q_2$가 순허수일 필요충분조건은 $\overline{q_2} q_1 = -\overline{q_1} q_2$이다. 이것을 성분을 이용하여 계산한 후, 실수 부분만 택하면 $aa' + bb' + cc' + dd' = 0$

과 같다. 즉, $q_1^{-1}q_2$가 순허수일 필요충분조건은 q_1과 q_2를 $\mathbb{R}^4$의 원소로 보았을 때, q_1과 q_2가 서로 수직인 조건과 같다.

5. φ가 2:1 사상이므로 $\varphi(G)$은 12개의 원소로 구성된 $SO(3)$의 부분군이다. 한편, G의 각 원소의 위수를 고려해 보면 $\varphi(G)$은 위수가 3인 원소가 8개이고 위수가 2인 원소가 3개이다. 따라서 $\varphi(G)$은 잘 알려진 유한군의 분류결과에 의해 A_4와 동형이 된다.

제8장 연습문제

1. 격자 L을 덧셈에 관해 군으로 보고 L로부터 $S(L)$의 평행이동들로 구성된 부분군으로 가는 다음과 같은 사상 φ을 정의하자.

$$\varphi : L \to \mathrm{Trans}(L),\ \sum_{i=1}^{n} m_i e_i \mapsto T_{(m_1, m_2, \ldots, m_n)}$$

여기서

$$T_{(m_1, m_2, \ldots, m_n)}\left(\sum_{i=1}^{n} s_i e_i\right) = \sum_{i=1}^{n} (s_i + m_i) e_i$$

이다. 그러면, φ는 전사이고 단사이며 준동형사상이다. 왜냐하면,

$$\sum_{i=1}^{n} m_i e_i + \sum_{i=1}^{n} m'_i e_i = \sum_{i=1}^{n} (m_i + m'_i) e_i$$

이고

$$T_{(m_1, m_2, \ldots, m_n)} \circ T_{(m'_1, m'_2, \ldots, m'_n)}\left(\sum_{i=1}^{n} s_i e_i\right)$$
$$= T_{(m_1 + m'_1, m_2 + m'_2, \ldots, m_n + m'_n)}\left(\sum_{i=1}^{n} s_i e_i\right)$$

이므로 $\varphi\left(\sum_{i=1}^{n} m_i e_i + \sum_{i=1}^{n} m'_i e_i\right) = T_{(m_1, m_2, \ldots, m_n)} \circ T_{(m'_1, m'_2, \ldots, m'_n)}$이다.

2. $p \in M$이고 $p \notin L$이라 할 때, q를 L의 원소 중에서 p에서 가장 가까운 원소라 하자. 이때, p는 q의 회전이동에 관한 궤도의 중심이 된다. 따라서 그와 같은 p는 유일하고 L로부터 일정한 양의 거리에 있다. 즉, M은 이산부분공간이다.

3. $\sin^2\frac{\pi}{5} - \sin\frac{\pi}{5}\cos\frac{\pi}{5} < 0$임을 이용한다.

제9장 연습문제

1.

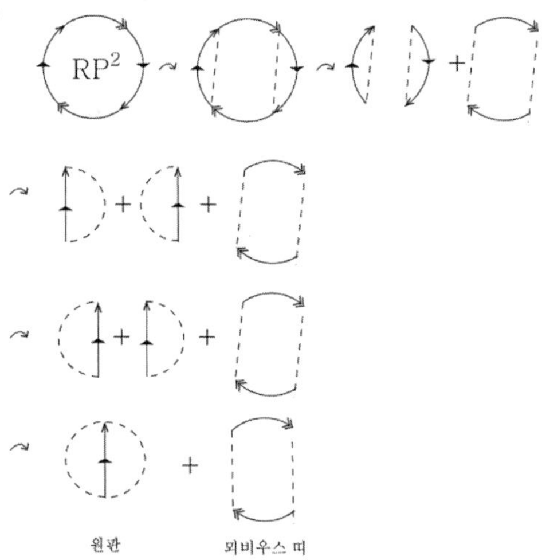

3.

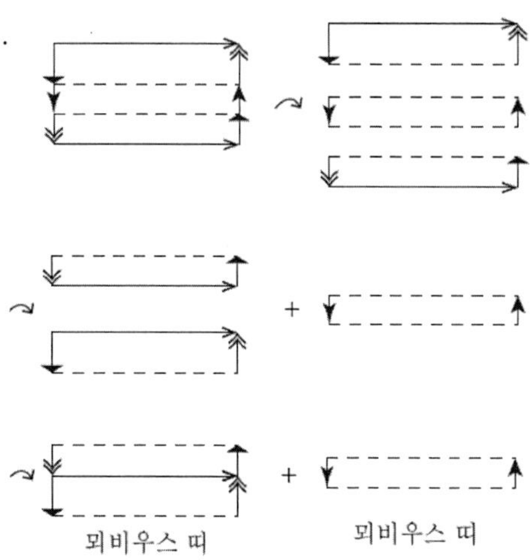

4. 직접 계산을 통해 보인다.

5. $w = -i\,\dfrac{z-1}{z+1}$

제10장 연습문제

1. P와 Q의 좌표는 각각

   $P=(c+r\cos\alpha, r\sin\alpha)$, $Q=(c+r\cos\beta, \sin\beta)$

   로 주어진다. 따라서 $X=(c-r,0)$, $Y=(c+r,0)$라 하면

   $$|PX| = \sqrt{2}\,r\sqrt{1+\cos\alpha},\ |PY| = \sqrt{2}\,r\sqrt{1-\cos\alpha}$$
   $$|QX| = \sqrt{2}\,r\sqrt{1+\cos\beta},\ |QY| = \sqrt{2}\,r\sqrt{1-\cos\beta}$$

   이다. 따라서 복비 (QP, XY)가

   $$\frac{\csc\beta-\cot\beta}{\csc\alpha-\cot\alpha}$$

   로 주어진다. 즉, $d(P,Q)$는

   $$d(P,Q)=\ln\left(\frac{\csc\beta-\cot\beta}{\csc\alpha-\cot\alpha}\right)$$

   이다.

2. 단순한 계산이므로 생략한다.

3. $0 < y_1 < y_2$라 할 때, 두 점

   $P=(0, y_2-y_1), Q=(0, 2(y_2-y_1))$

   을 택하여 $\overline{PQ}$만큼 평행이동을 하면 새로운 두 점

   $P'=(0, 2(y_2-y_1))$, $Q'=(0, 3(y_2-y_1))$

   을 얻는다. 이때, 쌍곡거리를 계산하면

   $$d(P', Q') = \ln\frac{3}{2} \neq \ln 2 = d(Q,P)$$

   이므로 $\overline{PQ}$ 만큼 평행이동은 쌍곡등장사상이 아니다.

4. 두 점 $P=\left(0, \frac{a}{4}\right)$, $Q=\left(0, \frac{a}{2}\right)$를 택하고 직선 $y=a$에 관한 대칭이동을 하면 새로운 두 점

   $$P'=\left(0, \frac{7a}{4}\right),\ Q'=\left(0, \frac{3a}{2}\right)$$

   를 얻는다. 따라서 쌍곡거리는

   $$d(P, Q) = \ln 2 \neq \ln\frac{7}{6} = d(P', Q')$$

   이므로 이 대칭이동은 쌍곡등장사상이 아니다.

5. $dz = \dfrac{i(1-iw)dw + i(1+iw)dw}{(1-iw)^2}$ 이므로 $4dzd\bar{z} = \dfrac{16dwd\overline{w}}{|1-iw|^4}$ 이다. 한편,

$$1-|z|^2 = \frac{2i(\overline{w}-w)}{|1-iw|^2}$$

이다. 따라서

$$f^*\left(\frac{4dzd\bar{z}}{(1-|z|^2)^2}\right) = \frac{|1-iw|^4}{-4(\overline{w}-w)^2}\frac{16dwd\overline{w}}{|1-iw|^4} = \frac{dx^2+dy^2}{y^2}$$

이 된다.

찾아보기

(ㅈ)

(ㅊ)

(ㅋ)

(ㅌ)

(ㅍ)

(ㅎ)

(2)

(3)

(G)

저자소개

김 진 홍

- 조선대학교 수학교육과 교수
- University of California at Berkeley 수학과 방문교수
- University of California at Berkeley 수학과 이학박사
- 서울대학교 수학과 이학석사
- 서울대학교 수학교육과 이학사

기하학개론 (개정판)

개정판발행 2022년 1월 20일

지은이 김진홍

펴낸이 오판근
펴낸곳 (주)교우
주　소 서울시 동대문구 약령시로 8 교우빌딩 2층 (주)교우
전　화 02-925-2861 / **팩　스** 02-925-2860, **편집부** 02-925-2825
홈페이지&북스토어 www.kyowoo.co.kr / **이메일** kyowoo@kyowoo.co.kr

등　록 1994년 3월 24일 제1994-000013호
ISBN 979-11-251-0230-4 (93410)

(주) 교우는 보다 혁신적이고 참신한 도서를 다양하게 기획하고 있습니다.
책으로 펴내고자 하는 아이디어나 원고는 메일로 보내주세요.
(주) 교우는 전과정을 책임지고 최선을 다하겠습니다.

값 19,000원

교우미디어는 (주) 교우의 Imprint 사입니다.
수학정원·과학정원은 (주) 교우의 새로운 브랜드명입니다.

잘못된 책은 구입하신 서점에서 교환해 드립니다.